著者简介

森巧尚

软件工程师，科技作家，兼任日本关西学院讲师、关西学院高中科技教师、成安造形大学讲师、大阪艺术大学讲师。

著有《Python一级：从零开始学编程》《Python二级：桌面应用程序开发》《Python二级：数据抓取》《Python二级：数据分析》《Python三级：机器学习》《Python三级：深度学习》《Java一级》《动手学习！Vue.js开发入门》《在游戏开发中快乐学习Python》《算法与编程图鉴（第2版）》等。

Python 二级

桌面应用程序开发

〔日〕森巧尚 著
蒋萌 马萍萍 译
鲁尚文 审校

科学出版社
北京

图字：01-2023-5709号

内 容 简 介

你已经理解了Python的基本概念，接下来应该体验更加刺激和有趣的编程。

本书面向了解Python基本语法的读者，以山羊博士和双叶同学的教学漫画情境为引，以对话和图解为主要展现形式，从桌面应用程序的基础内容开始，循序渐进地讲解桌面应用程序开发的基础知识、基本语法和实现样例。

本书适合掌握了Python基本语法的读者，也可用作青少年编程、STEM教育、人工智能启蒙教材。

图书在版编目（CIP）数据

Python二级：桌面应用程序开发/(日)森巧尚著；蒋萌，马萍萍译.—北京：科学出版社，2024.6

ISBN 978-7-03-077116-2

Ⅰ.①P… Ⅱ.①森… ②蒋… ③马… Ⅲ.①软件工具-程序设计 Ⅳ.①TP311.561

中国国家版本馆CIP数据核字（2023）第220147号

责任编辑：孙力维 杨 凯 / 责任制作：周 密 魏 谨
责任印制：肖 兴 / 封面设计：张 凌

科学出版社 出版

北京东黄城根北街16号
邮政编码：100717
http：//www.sciencep.com

三河市春园印刷有限公司印刷

科学出版社发行 各地新华书店经销

*

2024年6月第 一 版 开本：787 × 1092 1/16
2024年6月第一次印刷 印张：13
字数：262 000

定价：68.00元

（如有印装质量问题，我社负责调换）

前　言

您是否有以下想法?

“我已经理解了 Python 的基本概念，接下来想要体验更加刺激和快乐的编程。”

“我开始用 Python 进行数据分析和机器学习了。Python 的确有利于学习，但我还想进一步制作自己的程序。”

本书的目标就是带领 Python 初学者实际感受编程的乐趣。

“编程”有很多作用，它既能将复杂的计算和处理交给计算机，减轻人们的负担，又能将人们头脑中的想象化作实物或实现目的，也就是“用计算机制作”。

而大多数人从后者感受到编程的乐趣。本书介绍利用 Python 制作桌面应用程序，通过完整制作“方便的桌面应用程序”和“游戏应用程序”，让读者体会编程的乐趣。

本书的难度适合读过并能够大致理解《Python 一级：从零开始学编程》的读者，因此书名为《Python 二级：桌面应用程序开发》。应用程序“制作”过程本身较为复杂，本书虽已尽可能缩短程序，但仍然较长。输入数据繁杂，希望读者能够克服困难，亲身体会制作程序的过程。

愿读者能够亲身感受编程的乐趣，理解编程的深远意义。

森巧尚

关于本书

读者对象

本书是一本详细讲解桌面应用程序开发的入门书籍，面向了解 Python 基础知识和基本语法，想进一步尝试桌面应用程序开发的读者（学习过《Python 一级：从零开始学编程》）。

本书特点

本书内容基于“Python 一级”的内容，在一定程度上丰富了技术层面的内容，为了帮助读者掌握书中涉及的技术，本书内容遵循以下三个特点展开。

特点 1 以插图为核心概述知识点

每章开头以漫画或插图构建学习情境，之后在“引言”部分以插图的形式概述整章的知识点。

特点 2 以对话形式详解基础语法

精选基础语法，以对话的形式，力求通俗易懂地讲解，以免初学者陷入困境。

特点 3 样例适合初学者轻松模仿编程

为初学者精选编程语言（应用程序）样例代码，以便读者快速体验开发过程，轻松学习。

阅读方法

为了让初学者能够安心地沉浸在桌面应用程序开发的世界中，并保持学习热情，本书作了许多针对性设计。

以漫画的形式概述每章内容

借山羊博士和双叶同学之口引出每章的主要内容

每章具体要学习的内容一目了然

以插图的形式，通俗易懂地介绍每章主要知识点和学习流程

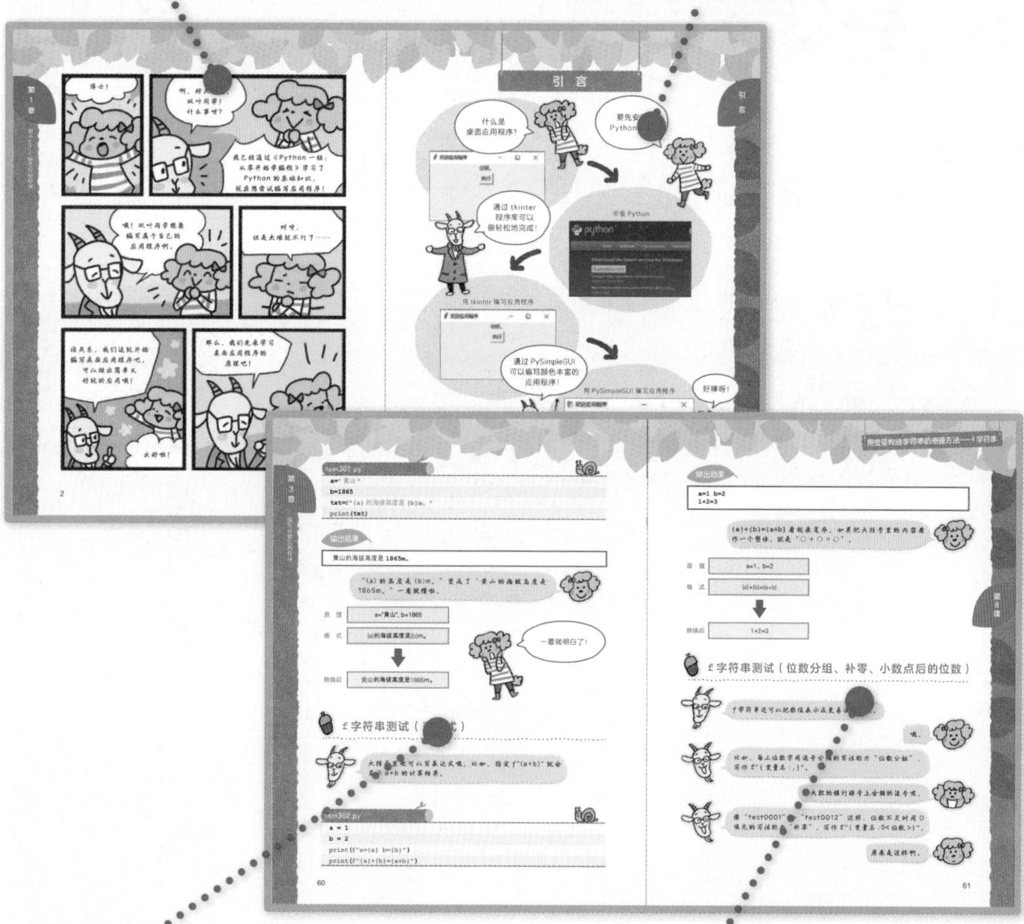

附有图解说明

尽可能以图解的形式代替晦涩难懂的措辞

以对话的形式讲解概念

借助山羊博士和双叶同学的对话，风趣、简要地讲解概要和代码

本书样例代码的测试环境

本书全部代码已在以下操作系统和 Python 环境下进行了验证。

操作系统：

- Windows 10/11
- macOS Monterey（12.2.X）

Python 版本：

- Python 3.11.0/3.10.4

用到的 Python 库：

- PySimpleGUI 4.60.3
- Pillow 9.1.0
- chardet 5.0.0
- qrcode 7.3.1

目 录

第1章 用 Python 编写应用程序

第2章 应用程序编写基础

第5章 编写文件操作应用程序

第1章

用 Python 编写应用程序

博士！

啊，好久不见，
双叶同学！
什么事呀？
我已经通过《Python 一级：
从零开始学编程》学习了
Python 的基础知识，
现在想尝试编写应用程序！

哦！双叶同学想要
编写属于自己的
应用程序啊。

对呀，
但是太难就不行了……

没关系，我们这就开始
编写桌面应用程序吧。
可以做出简单又
好玩的应用哦！
太好啦！

那么，我们先来学习
桌面应用程序的
原理吧！
好的！

引 言

什么是
桌面应用程序?
欢迎应用程序
你好。
执行
要先安装
Python 哦!
通过 tkinter
程序库可以
很轻松地完成!
安装 Python
python
About
Downloads
Documentation
Community
Download the latest version for Windows
Download Python 3.11.5
Looking for Python with a different OS? Python for Windows, Linux/UNIX, macOS, Other
Want to help test development versions of Python 3.12? Prereleases, Docker images
用 tkinter 编写应用程序
欢迎应用程序
你好。
执行
通过 PySimpleGUI
可以编写颜色丰富的
应用程序!
用 PySimpleGUI 编写应用程序
欢迎应用程序
执行
好棒呀!

第1课

什么是桌面应用程序？

本书将带大家学习编写桌面应用程序的简单方法。那么，桌面应用程序的原理是什么？

您好，博士！怎样编写桌面应用程序呢？

你好，双叶同学！为什么这样问呢？

谢谢博士为我们讲解“Python二级”和“Python三级”系列课程！通过之前的课程，我学到了好多有趣的知识，如数据分析原理和机器学习原理等。接下来，我想体验一下如何编写属于自己的桌面应用程序。

哦，为什么会这么想？

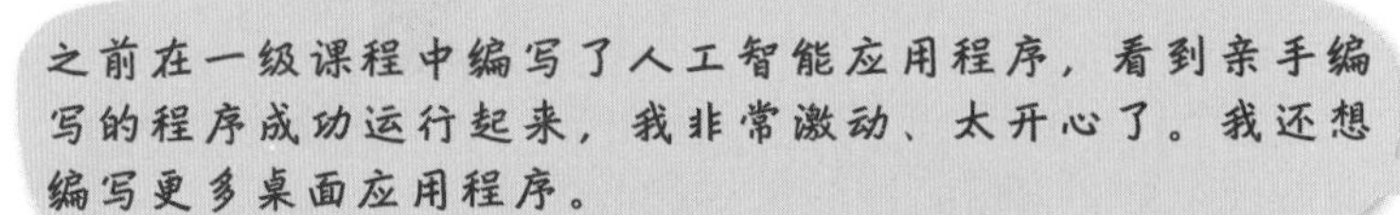

之前在一级课程中编写了人工智能应用程序，看到亲手编写的程序成功运行起来，我非常激动、太开心了。我还想编写更多桌面应用程序。

原来是这样啊。看来你很想通过亲手编写应用程序来体会创作的喜悦感。通过Python可以编写桌面应用程序，你可以试一试哦。

可以制作什么样的桌面应用程序呢？

比如，计算应用、时钟应用、小游戏应用，等等。

计算应用

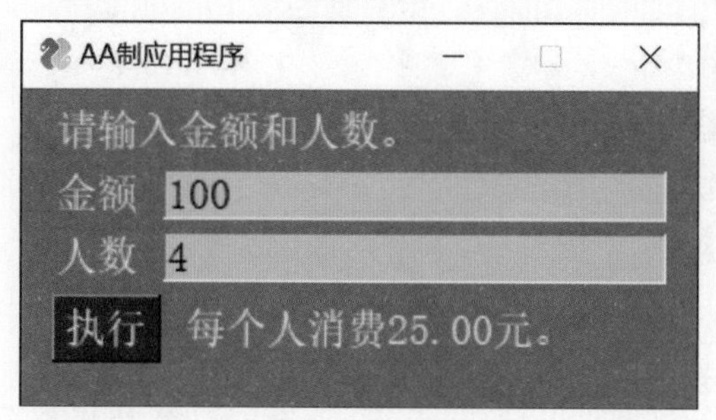

小游戏应用

时钟应用

哇！这么多吗？

机器学习原理有些难度，我们会放到《Python 三级：机器学习》中。而这次的内容只要读过《Python 一级：从零开始学编程》就能学会，属于“Python 二级”。编写桌面应用程序的代码要长一些。一起加油吧！

哎呀，我又回到低年级啦。看起来有点难，我会努力的！

桌面应用程序简介

Python 中包含编写各类应用程序所需的库。

例如，用 tkinter 和 PySimpleGUI 等库可以编写桌面应用程序。桌面应用程序指的是在计算机桌面运行的应用程序。通常意义上的计算机桌面被称为图形用户界面（graphic user interface，GUI），不同于在命令行界面运行的字符用户界面（character user interface）。图形用户界面中，应用程序运行时显示包含按钮和文本的窗口，使用鼠标和键盘进行操作。

除桌面应用程序以外，还有智能手机应用程序和 Web 应用程序等。在 Python 中，可以用 Django 或 Flask 等框架编写 Web 应用程序。

本书将通过讲解桌面应用程序的编写，带大家体会亲自制作应用程序的乐趣。双击完成的文件就可以启动应用程序。

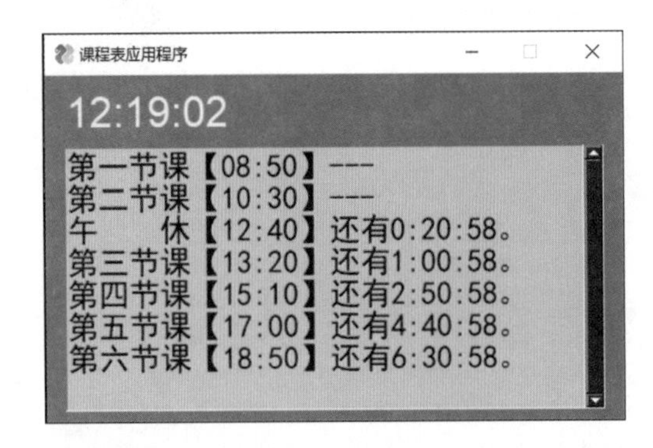

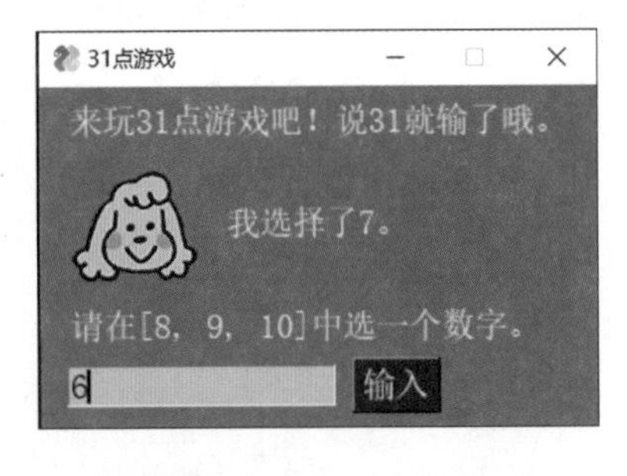

第2课

安装 Python

如果你的电脑中尚未安装 Python，就从安装开始吧。本课将介绍 Windows 系统和 macOS 系统的安装过程。

博士，我前不久刚换了电脑，要在新电脑中安装 Python。

新电脑要从官方网站上下载 Python 并安装。根据安装程序的指示进行就可以了。

好的！我要安装最新版本的 Python！

Windows 系统的安装方法

下面介绍在 Windows 系统安装最新版本 Python 的步骤。请通过 Microsoft Edge 等浏览器访问 Python 官方网站。

Python 官方网站的下载页面：https://www.python.org/downloads。

①下载安装程序

从Python官方网站下载安装程序。

在Windows系统访问下载页面时，会自动显示Windows版安装程序。❶点击“Download Python 3.11.x”选中安装程序。❷点击Edge浏览器右上方的菜单按钮“…”。❸选择“下载”。

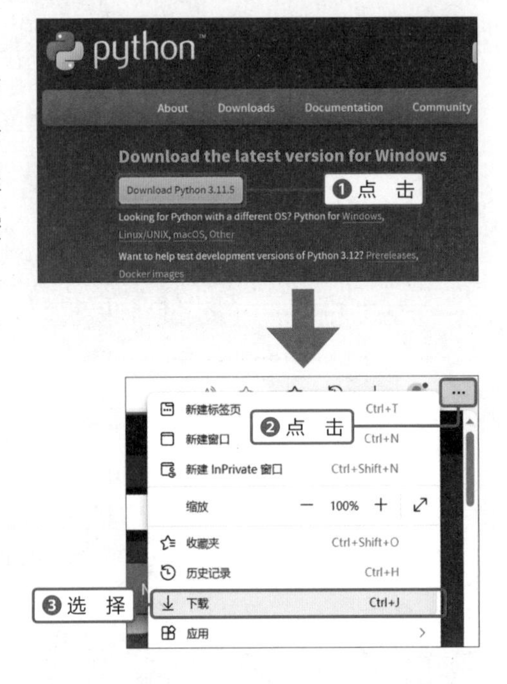

②运行安装程序

❶下载界面中显示安装程序文件“python-3.11.x-xxx.exe”，点击文件运行安装程序。

③勾选安装程序中的选项

安装程序运行后显示启动画面。❶勾选“Add python.exe to PATH”。❷点击“Install Now”按钮。

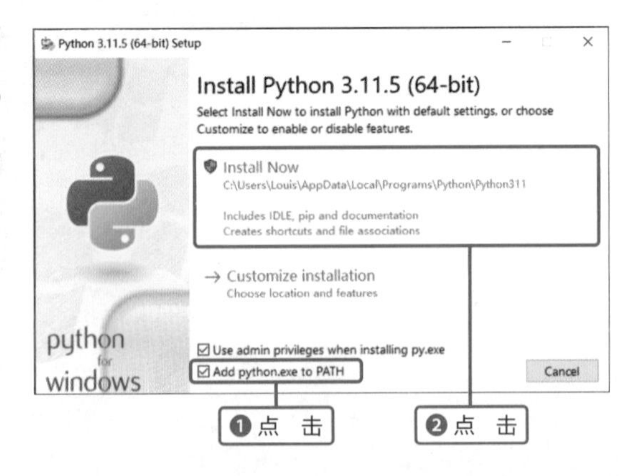

④完成安装

程序安装完成后，显示“Setup was successful”，说明 Python 的安装过程已全部完成。❶ 点击“Close”按钮关闭安装程序。

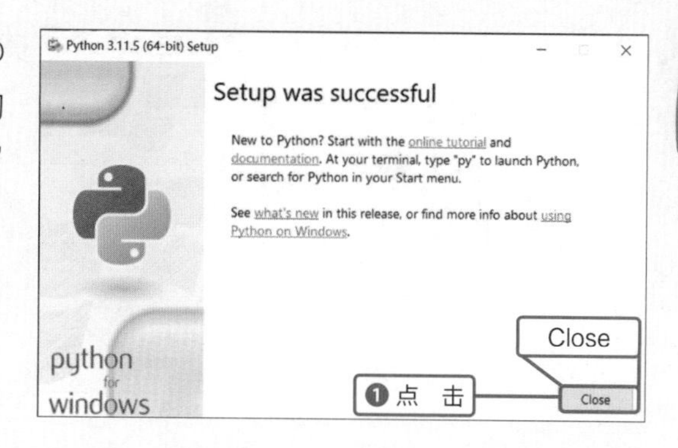

macOS 系统的安装方法

下面介绍在 macOS 系统安装最新版本 Python 的步骤。请通过 Safari 等浏览器访问 Python 官方网站。

Python 官方网站的下载页面：https://www.python.org/downloads。

①下载安装程序

从 Python 官方网站下载安装程序。

在 macOS 系统访问下载页面时，会自动显示 macOS 版安装程序。❶ 点击“Download Python 3.11.x”选中安装程序。

② 运行安装程序

接下来运行下载的安装程序。使用Safari时，❶点击“下载”按钮，显示已下载的文件。❷双击“python-3.11.x-macosxx.pkg”，运行安装程序。

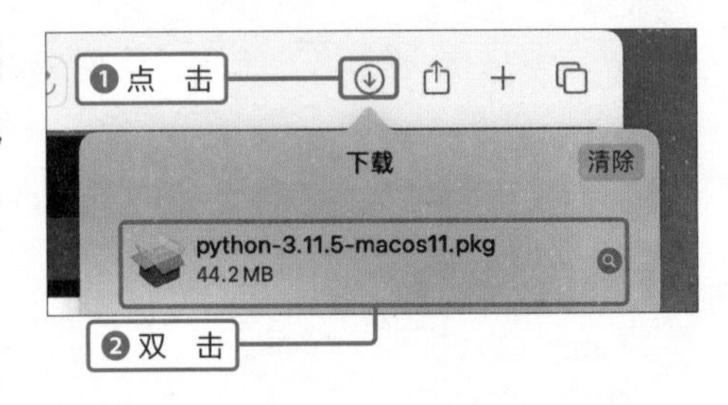

③ 安装过程

安装过程分为四个步骤：❶在“介绍”界面点击“继续”按钮。❷在“重要信息”界面点击“继续”按钮。❸在“许可”界面点击“继续”按钮。❹在弹出的“同意使用许可”对话框中，点击“同意”按钮。

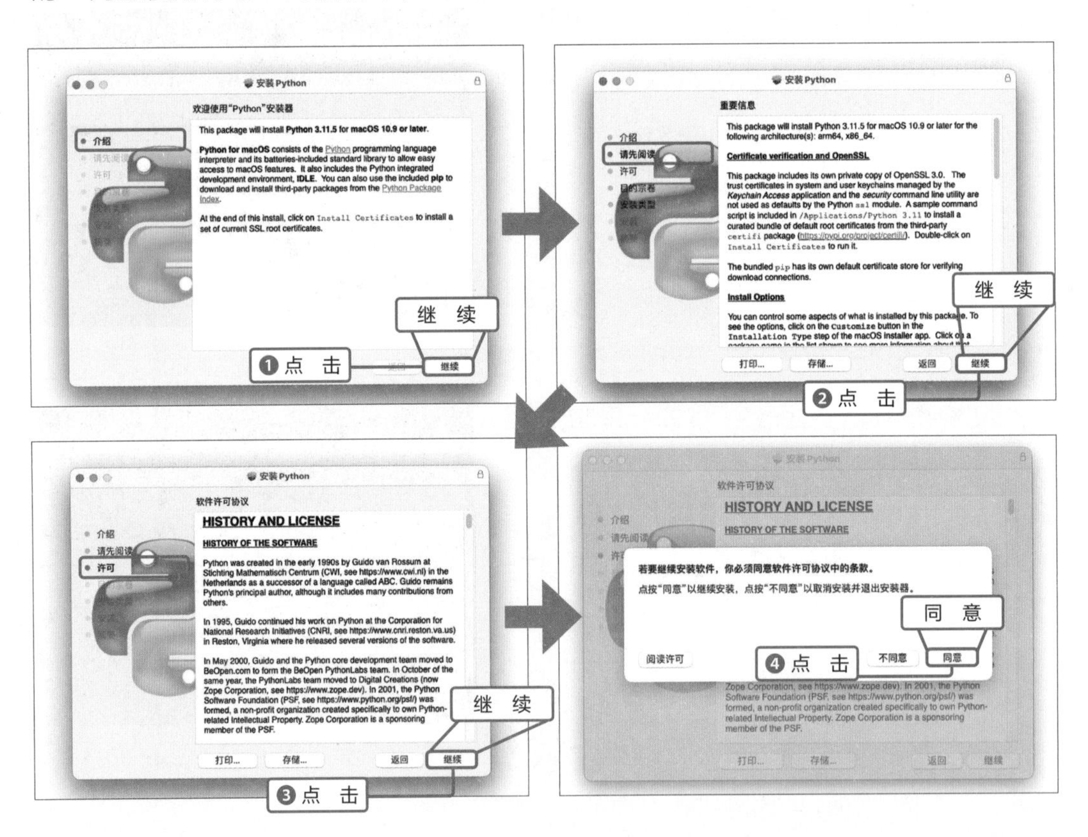

④ macOS 系统的关键安装步骤

完成上述步骤后，❶ 点击“安装 Python”对话框中出现的“安装”按钮。

此时，系统弹出“‘安装器’正在尝试安装新软件”的对话框。❷ 在对话框中输入登录 macOS 的用户名和密码。❸ 点击“安装软件”按钮。

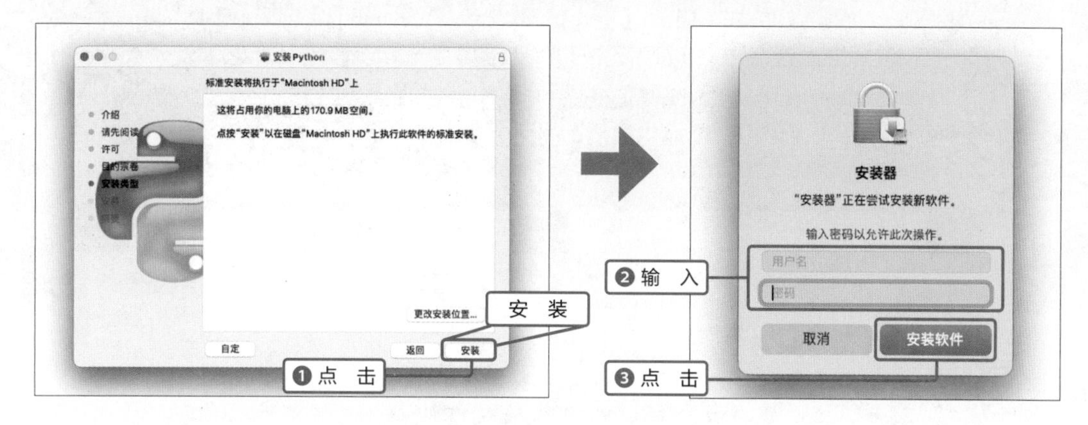

⑤ 完成安装

片刻后，弹出“安装成功”界面，代表在 macOS 系统安装 Python 的步骤已全部完成。❶ 点击“关闭”按钮结束安装程序。❷ 安装程序还会弹出一个“访达”（Finder）窗口，显示应用程序安装的文件夹。请记住这些程序的安装位置。

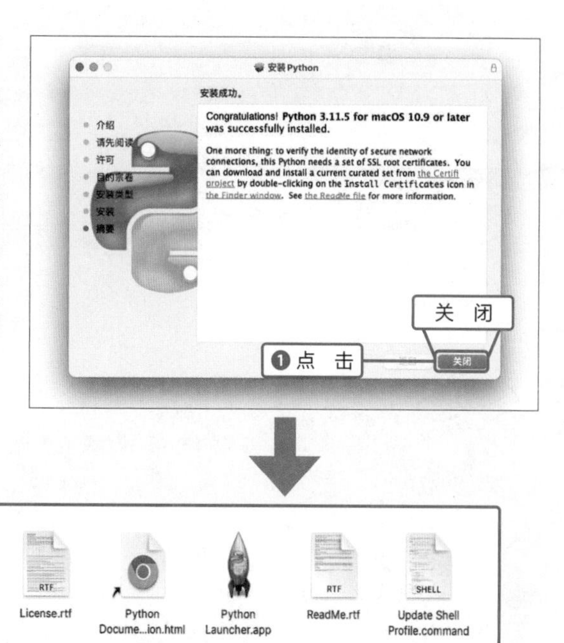

第3课

用 tkinter 编写桌面应用程序

让我们使用 Python 的 tkinter 标准库来编写桌面应用程序。

安装 Python 后，来试试编写桌面应用程序吧。《Python 一级：从零开始学编程》中也使用过 tkinter 标准库，你还记得吗？

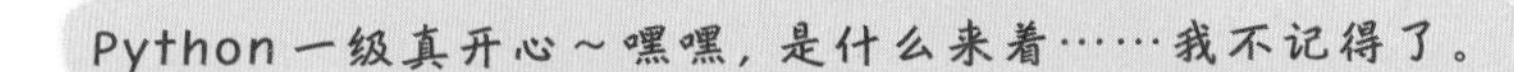

tkinter 是 Python 的标准库，可以通过代码编写桌面应用程序的画面。

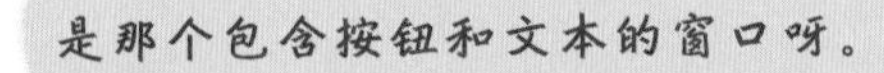

设错。下面我们就来实现“点击按钮显示字符串的功能”。现在，从启动 IDLE 开始吧！

启动 IDLE

安装 Python 后，请启动 IDLE。IDLE 是与 Python 一同安装的用于简单运行 Python 的应用程序，无须复杂设定，可直接使用。

①-1 Windows：从开始菜单启动 IDLE

❶点击“开始”按钮打开“开始”菜单。❷点击菜单内的“IDLE”图标。本节课以 Windows 10 系统为例，最新的 Windows 11 系统可在“所有应用”中找到“IDLE”图标。

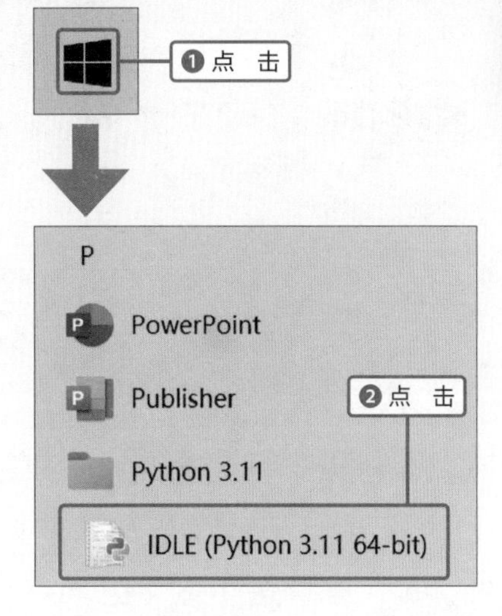

①-2 macOS：从“应用程序”文件夹启动 IDLE

打开 Finder 窗口中的“应用程序”文件夹，在“Python 3.xx”子文件夹中❶双击“IDLE.app”图标。

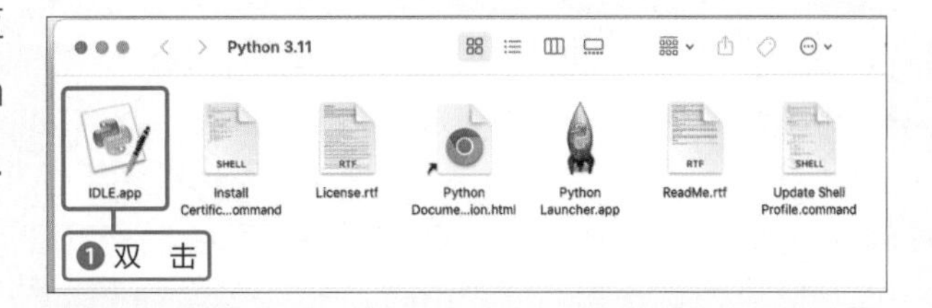

② 显示 Shell 窗口

启动 IDLE 时显示 Shell 窗口。

Windows

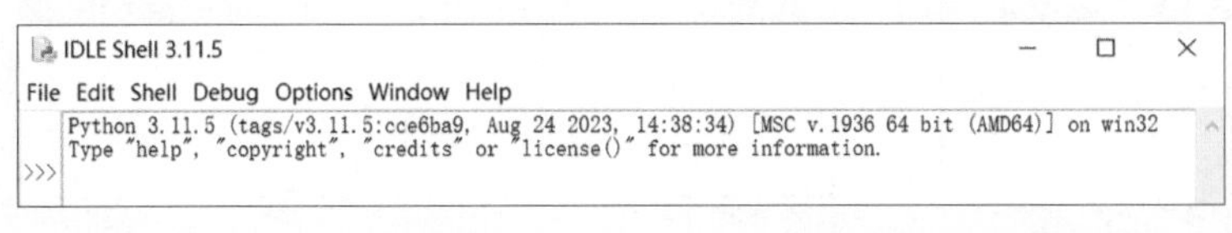

macOS

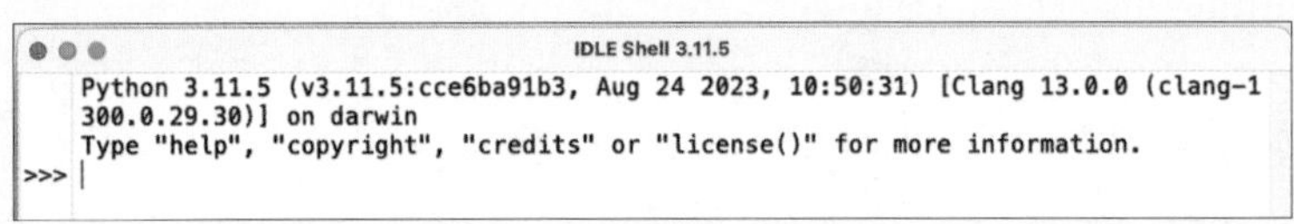

用 tkinter 编写欢迎应用程序

下面，将 tkinter 的测试程序写入文件并运行。主要分为三步：新建文件，写入程序代码；保存文件；执行。

①创建一个新文件

在 IDLE 的“File”菜单中❶选择“New File”（插图为 Windows 系统，macOS 系统也基本相同[1]）。

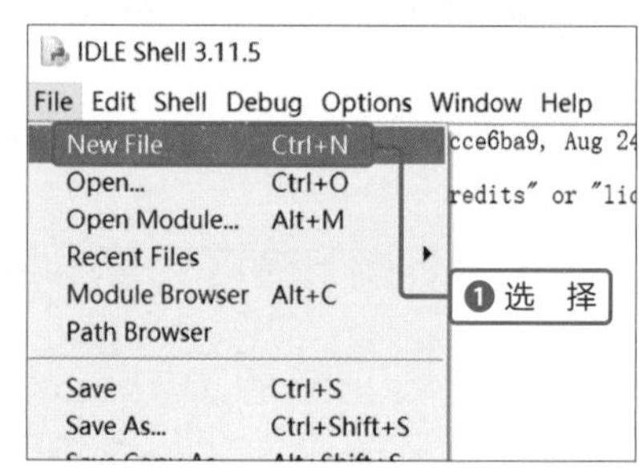

②显示输入程序的窗口

IDLE 会打开一个全新的空白窗口，在此输入程序。

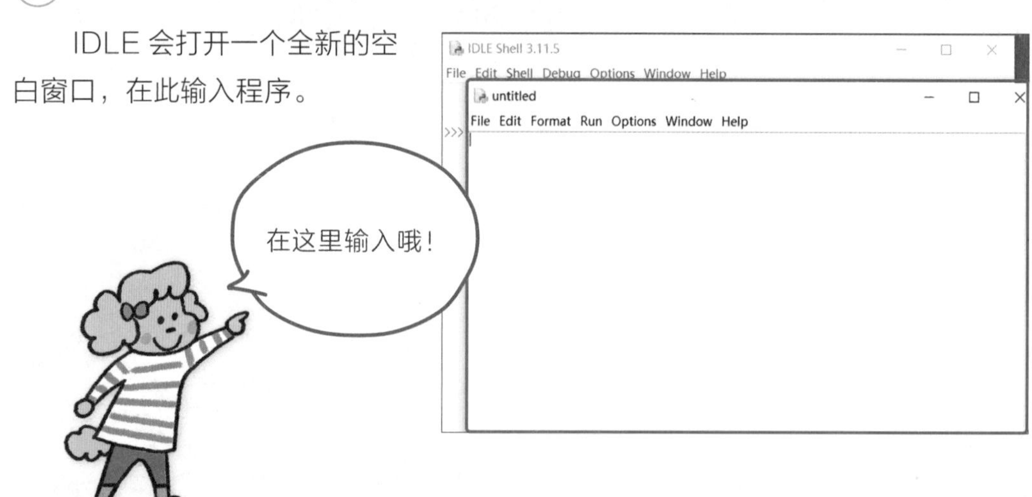

1）原书为 macOS 系统截图，考虑到中文读者以 Windows 系统用户居多，本书优先使用 Windows 系统截图。后同。——审校者注

③ 输入程序

以下是欢迎应用程序的源代码[1)]，输入看看吧。

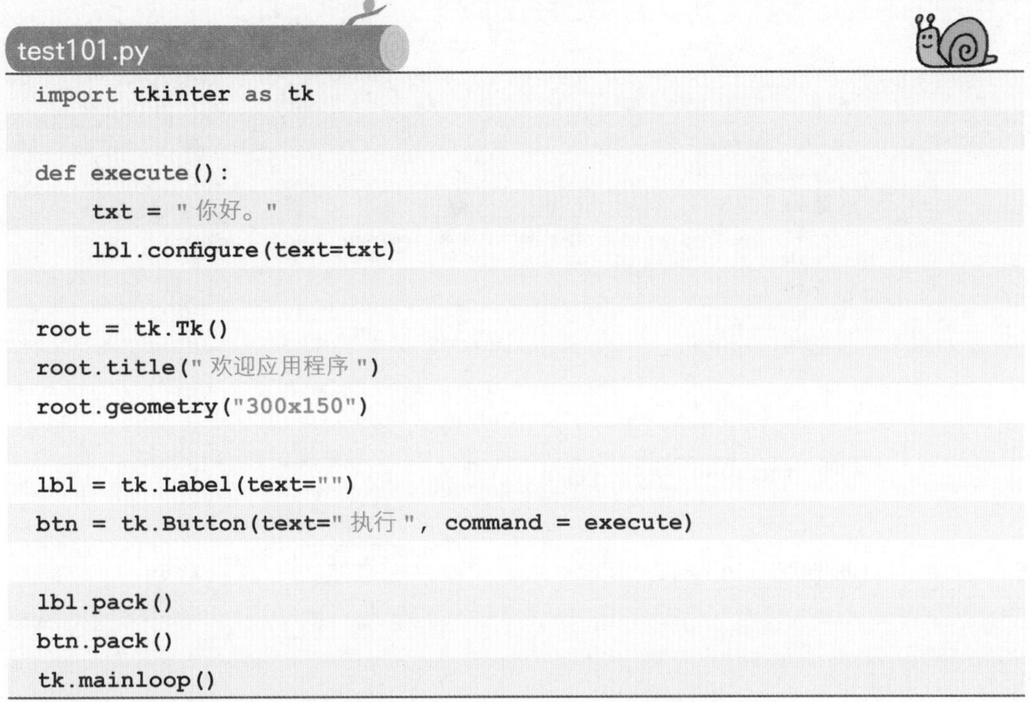

test101.py

```python
import tkinter as tk

def execute():
    txt = "你好。"
    lbl.configure(text=txt)

root = tk.Tk()
root.title("欢迎应用程序")
root.geometry("300x150")

lbl = tk.Label(text="")
btn = tk.Button(text="执行", command = execute)

lbl.pack()
btn.pack()
tk.mainloop()
```

※ 注意：“**root.geometry("300x150")**”中的“**x**”为半角小写英文字母。

④ 保存文件

❶ 在IDLE的“File”菜单中选择“Save”。

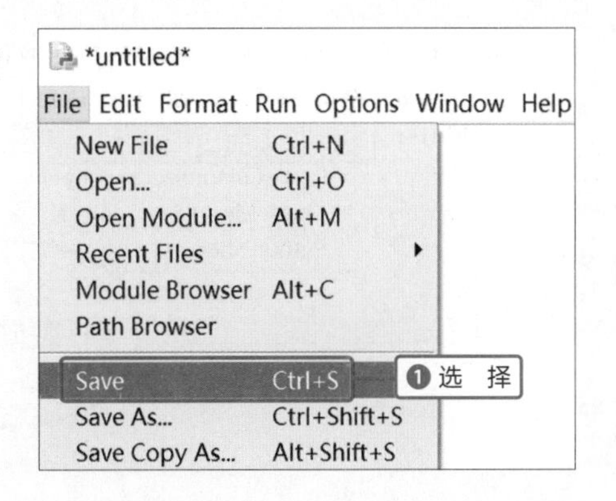

1）原书代码中的 **200x100** 调整为 **300x150**，以改善执行程序的窗口效果。——审校者注

⑤在文件名中加入扩展名

在弹出的“另存为”对话框中，❶ 输入文件名，❷ 点击“保存”按钮。Python文件的扩展名为“.py”，所以要在文件名末尾加上“.py”，如“test101.py”。

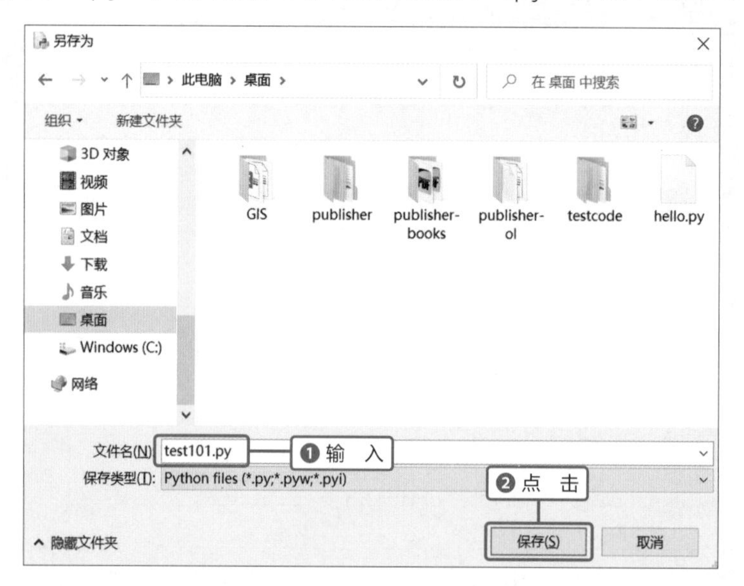

⑥运行程序

❶ 在IDLE的“Run”菜单中选择“Run Module”，运行程序，显示“欢迎应用程序”窗口。❷ 点击“执行”按钮。❸Python显示编写在程序中的欢迎语。

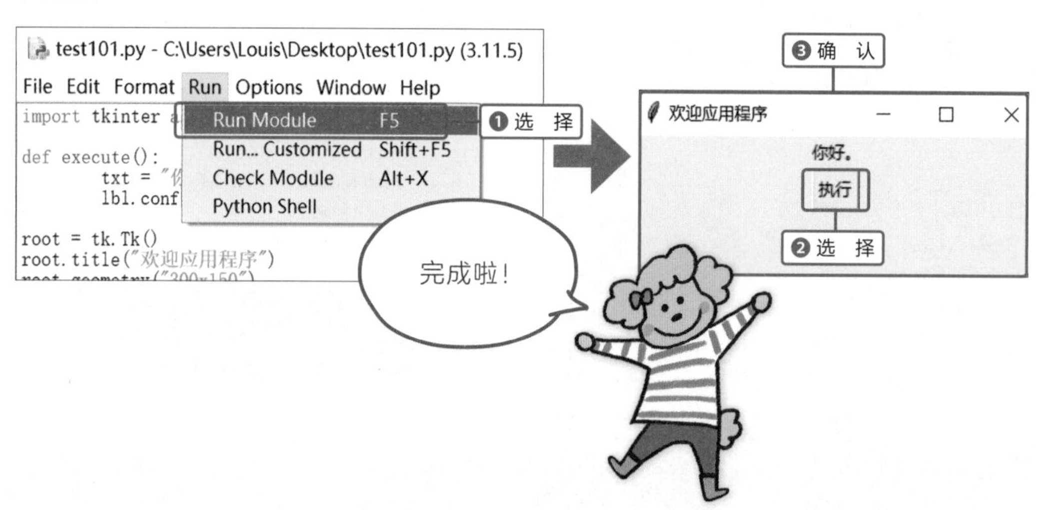

这就是“点击按钮，显示‘你好’”的桌面应用程序，执行后点击按钮看看吧。

成功了，成功了！一点击按钮就出现了呢。

好了，双叶同学，我们已经讲解了用 tkinter 编写桌面应用程序的过程，但还有更好玩的方式哦。

什么？那我要更好玩的。

第4课 用 PySimpleGUI 编写桌面应用程序

本节课我们将学习安装 PySimpleGUI 库，并用它编写桌面应用程序。同时，我们将学习通过双击启动应用程序的技巧。

用 tkinter 编写的应用看上去比较老旧，还有一种 Python 库能编写色彩丰富的桌面应用程序，编写方法也更简单哦。

那我们来使用 PySimpleGUI 库吧。PySimpleGUI 库不是 Python 的标准库，需要自己安装哦。

安装库（Windows 系统）

PySimpleGUI 是外部库，需要按照以下步骤安装。在 Windows 系统安装外部库时会用到命令提示符工具。

① 启动命令提示符

首先启动命令提示符。一般在“开始”菜单可以找到命令提示符。如果找不到，可以使用搜索功能。❶ 点击任务栏中的“搜索”，它可能以按钮或搜索框形式出现。❷ 在搜索界面中输入“cmd”。❸ 选择出现的“命令提示符”并启动（截图为 Windows 10 系统界面，较新的 Windows 11 系统略有区别）。

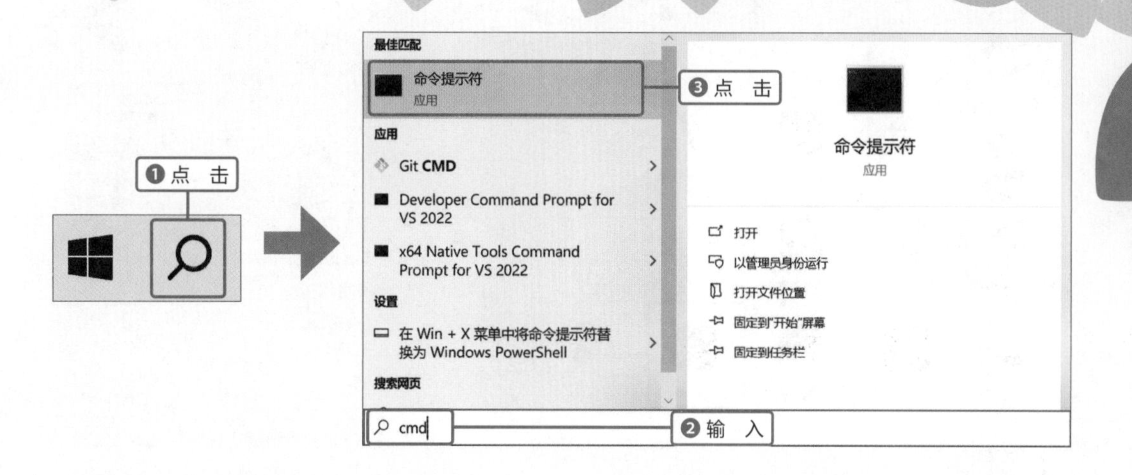

② 安装 PySimpleGUI

❶ 使用 pip 命令安装。

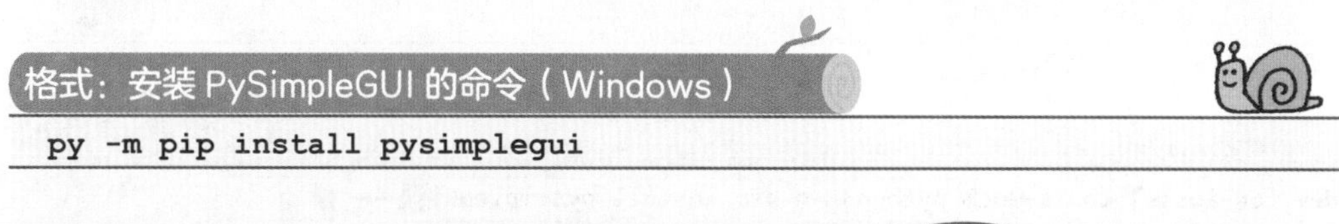

格式：安装 PySimpleGUI 的命令（Windows）

```
py -m pip install pysimplegui
```

安装库（macOS 系统）

在 macOS 系统，一般使用终端安装库。

① 启动终端

在 Finder 窗口中打开“应用程序”下的“工具”文件夹。❶ 双击“终端 .app”，启动终端。

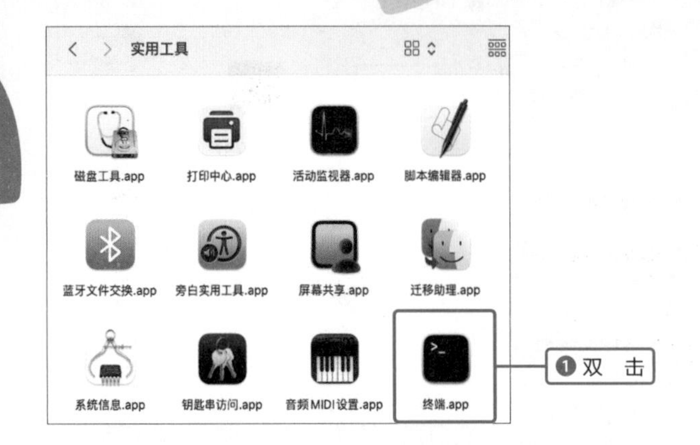

②安装 PySimpleGUI

❶ 使用 pip 命令安装。

格式：安装 PySimpleGUI 的命令（macOS）

```
python3 -m pip install pysimplegui
```

```
终端 — -tcsh — 80×24
[dev-for-ios:~] louis-mac% python3 -m pip install pysimplegui
```

❶输 入

安装库之后，我们测试一下运行情况。与之前类似，使用PySimpleGUI制作一个“点击按钮，显示‘你好’”的桌面应用程序。

用 PySimpleGUI 编写欢迎应用程序

使用 PySimpleGUI 库时，建议先用命令“**import PySimpleGUI as sg**”，这样就可以将 PySimpleGUI 省略为“**sg**”使用。

格式：导入 PySimpleGUI 并使用省略名称 sg

```
import PySimpleGUI as sg
```

PySimpleGUI 的欢迎应用程序如下，输入试试吧。

test102.py

```
import PySimpleGUI as sg

layout = [[sg.T(k="txt")],
          [sg.B("执行", k="btn")]]
win = sg.Window("欢迎应用程序", layout, size=(300,150))

def execute():
    win["txt"].update("你好。")

while True:
    e, v = win.read()
    if e == "btn":
        execute()
    if e == None:
        break
win.close()
```

输出结果

成功了，成功了！比刚才做得更好看了。

我们让它更像应用程序好不好？

什么意思？

双击启动应用程序

运行用Python编写的应用程序时，要从IDLE的“Run”菜单中选择“Run Module”。也可以不使用IDLE，双击文件启动应用程序——更改文件名就能实现。

什么！更改文件名就可以了吗？

这是利用Python Launcher的简易应用程序，实际应用程序要费些工夫。

Launcher是什么？

Launcher这个英文单词的含义是“火箭发射装置”。Python Launcher是能够立即运行Python文件的应用程序。

听上去像是“发射”Python程序哦。

Python Launcher与扩展名为“.pyw”的文件相关联，双击“.pyw”文件，就可以马上运行Python程序。

扩展名改为“.pyw”就能像应用程序一样工作了。

所以只要将完成的Python程序文件的扩展名“.py”改为“.pyw”，就可以通过双击来启动了。

好方便啊～

❶将“test102.py”的扩展名从“.py”改为“.pyw”。双击更改后的“test102.pyw”文件即可启动应用程序。扩展名改为“.pyw”后，通过IDLE的“File”菜单→“Open…”可以直接读取文件进行编辑。

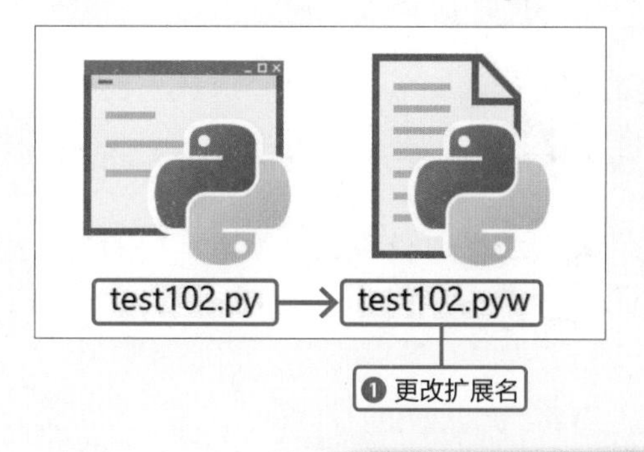

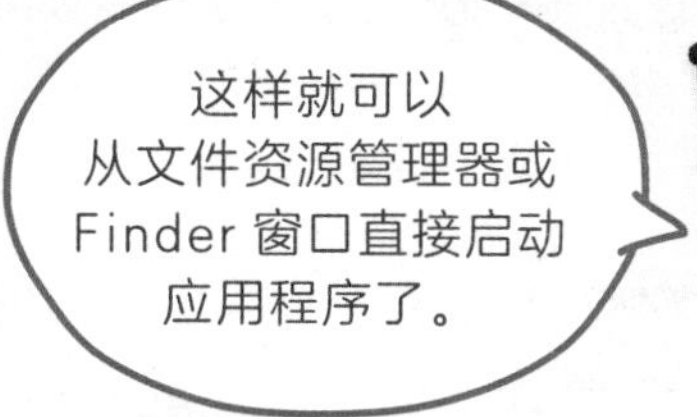

双击启动的方法（Windows 系统）

Windows 系统的默认设置是隐藏扩展名的，因此无法直接修改扩展名，需要先改为“显示扩展名”。然后，在“显示扩展名”设置下通过“重命名”直接更改扩展名。

（1）打开资源管理器（在桌面一般以“此电脑”或“我的电脑”等名称显示）。在 Windows 10 系统中，❶ 点击窗口上方的“查看”工具栏，❷ 在“显示 / 隐藏”栏目中勾选“文件扩展名”。在 Windows 11 系统中，❶ 点击窗口上方的“查看”按钮，❷ 在弹出菜单中选择“显示”子菜单，❸ 勾选“文件扩展名”。

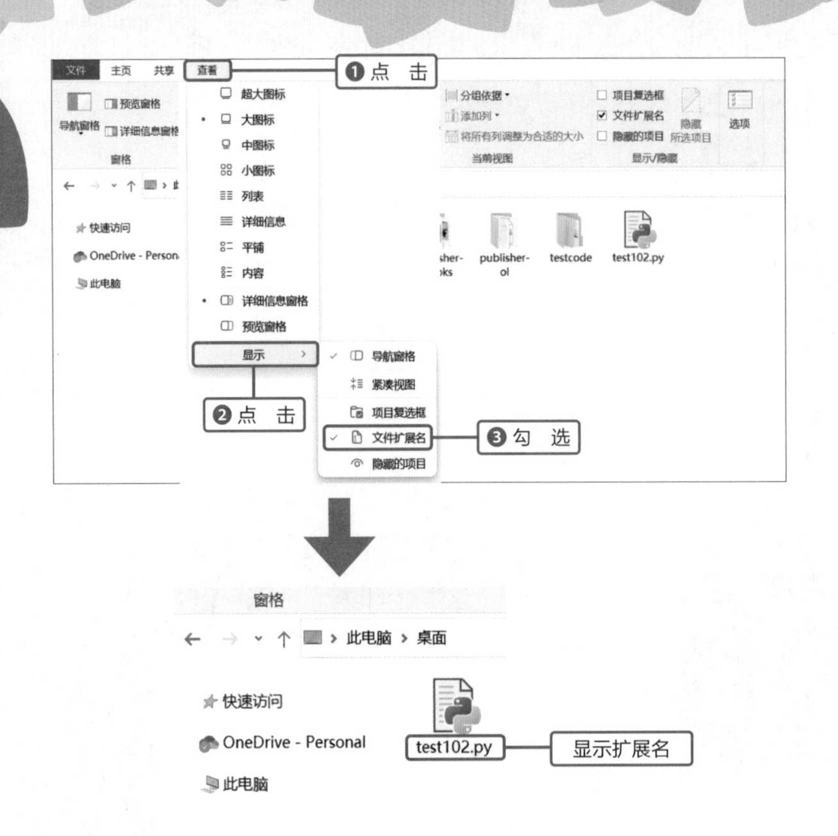

（2）用鼠标右键单击文件，❶ 在菜单中选择“重命名”（Windows 10 系统中是菜单项，Windows 11 系统中是按钮），❷ 将文件的扩展名从“.py”改为“.pyw”，按回车键输入。

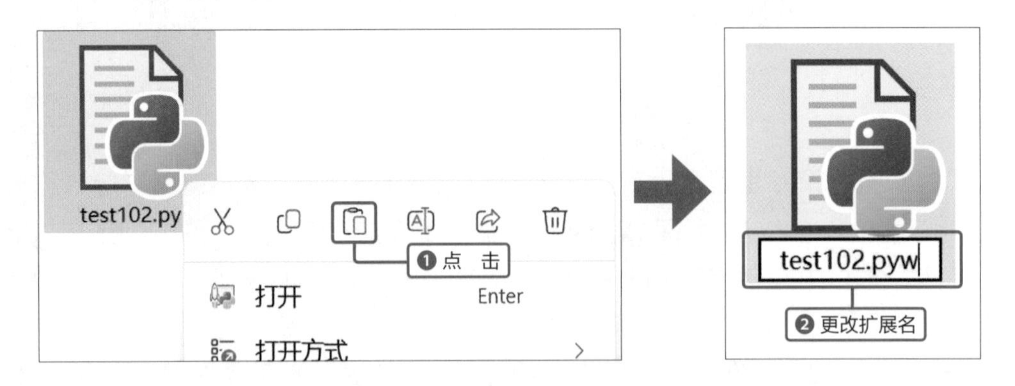

（3）弹出对话框提示“如果改变文件扩展名，可能会导致文件不可用”。“.pyw”文件是可用的，❶ 点击“是”即可。

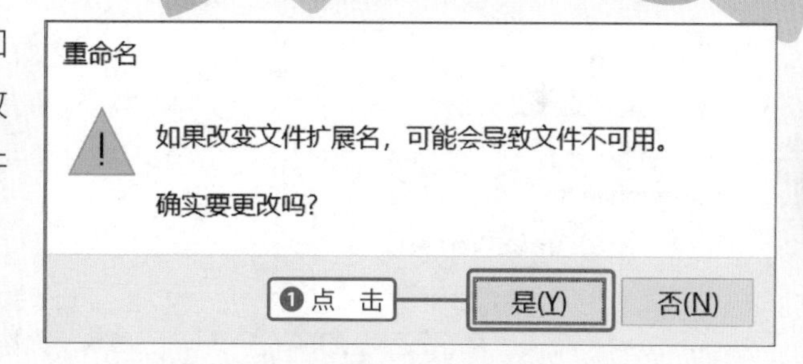

（4）双击更改后的文件，启动应用程序。

如果双击后没能成功启动应用程序，可能是因为尚未建立文件关联。

右键点击文件，❶ 在菜单中选择“属性”，显示“属性”对话框。

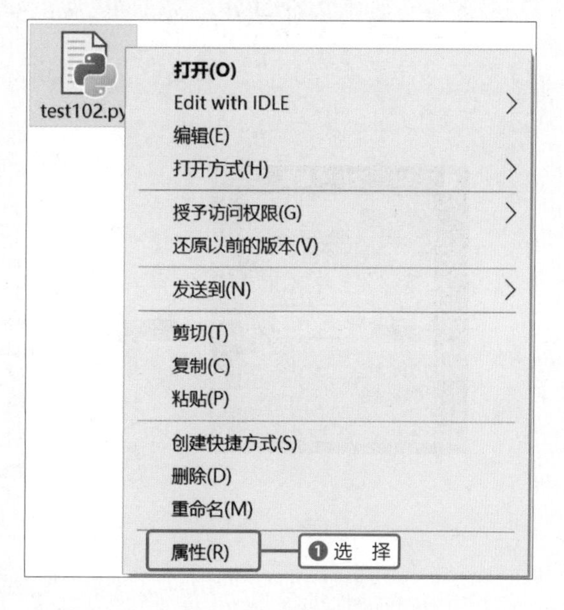

❷ 点击“打开方式”的“更改”按钮。❸ 在弹出的菜单中选择带有火箭标志的“Python”❹ 点击“确定”。这样就可以启动应用程序了。

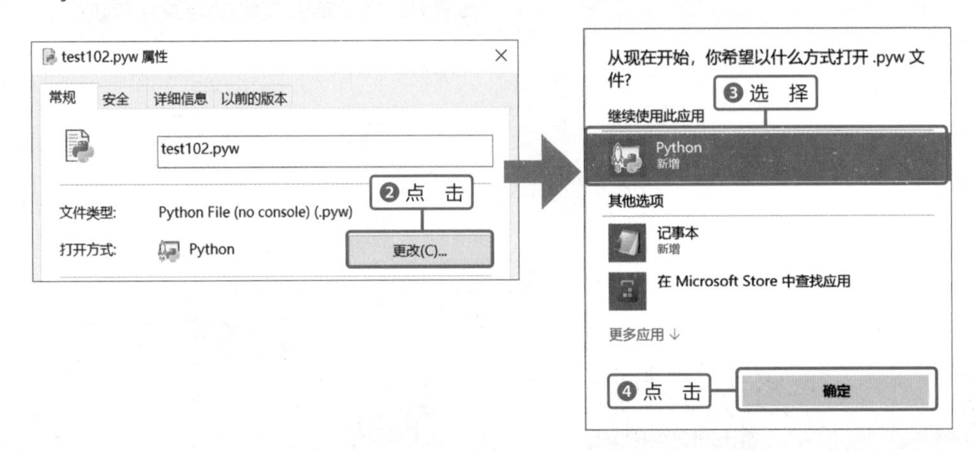

双击启动的方法（macOS 系统）

macOS 系统的默认设置也隐藏了扩展名，无法直接更改扩展名，要先将扩展名显示出来，然后在“显示扩展名”设置下通过“重命名”更改扩展名。

点击桌面，打开左上角的“访达”（Finder）菜单。❶ 选择“设置……”。❷ 勾选“显示所有文件扩展名”。❸ 同时取消勾选“更改扩展名之前显示警告”，这样就可以显示扩展名了。

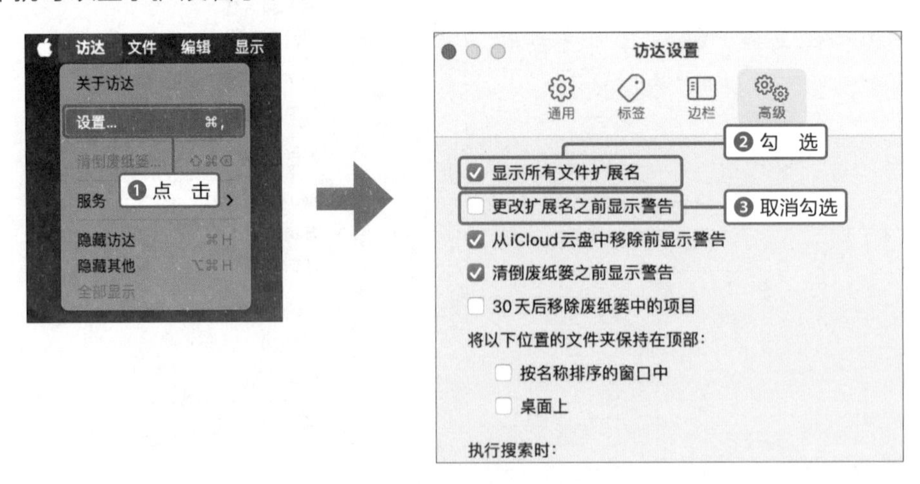

❹ 鼠标右键点击文件，在菜单中选择“重新命名”，将扩展名从“.py”改成“.pyw”。

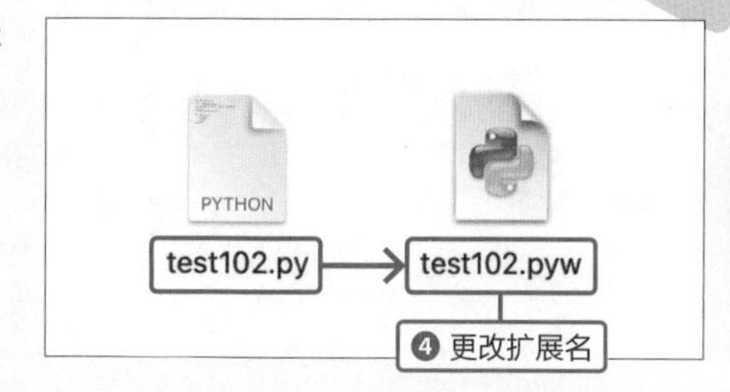

双击更改后的应用程序文件，启动应用程序。

如果双击后应用程序未能启动，可能是尚未建立文件关联。

右键点击文件，❶ 从菜单中选择“显示简介”，显示“简介”对话框。

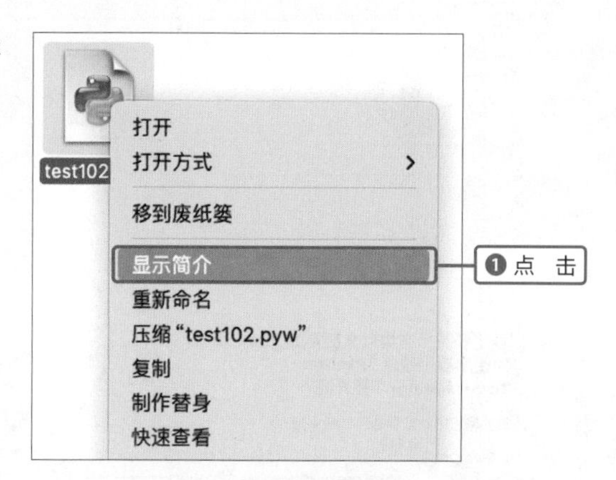

在“打开方式：”的下拉菜单中选择❷“Python Launcher”（安装了多个版本的Python，会额外显示Python的版本号，注意选择正在使用的版本）。

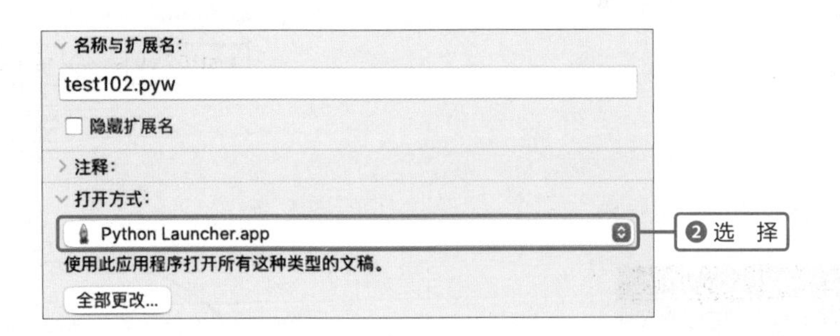

❸点击下方的“全部更改…”，会出现“你确定要将所有……打开吗？”的对话框。❹点击“继续”。这样就可以启动应用程序了。

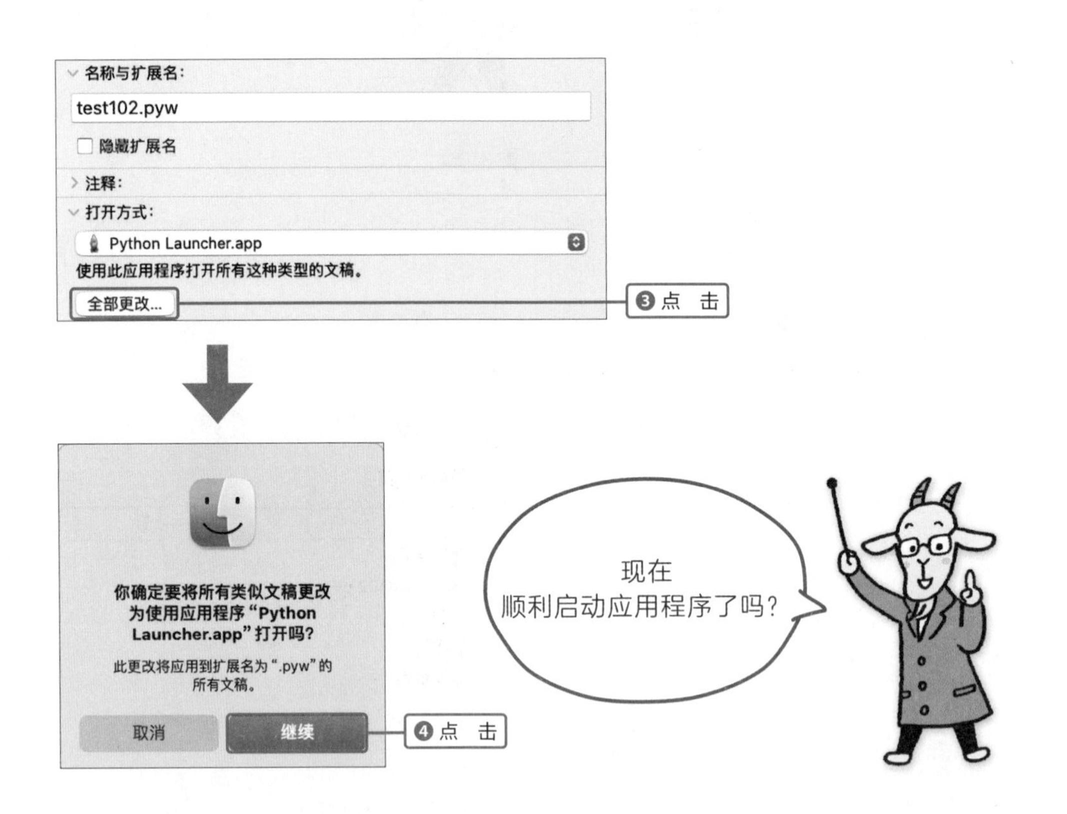

第2章

应用程序编写基础

双叶同学，你知道应用程序是由什么组成的吗？
嗯……输入部分和计算部分？

嗯，基本答对了。
太好了！

应用程序大致分为画面显示和逻辑执行两部分。

二者都很重要。
没错。就是这两部分组成了应用程序。

这两部分就能组成各种各样的应用程序。
下面来看看应用程序的具体编写方法吧。

好的！

引　言

选择配色

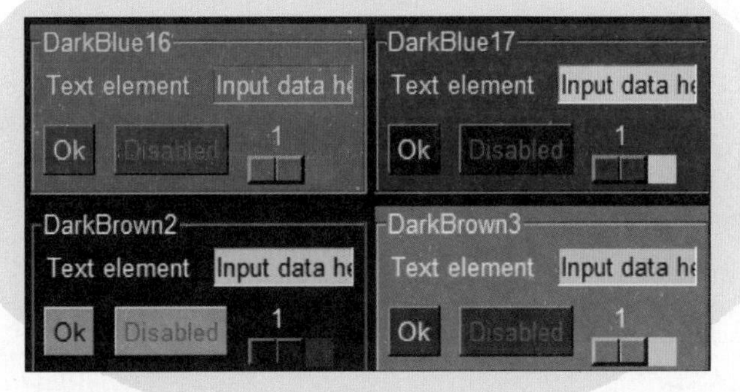

设计应用程序画面的布局

学习应用程序的编写方法

我们来学习使用 PySimpleGUI 编写应用程序的基础知识，以及代码的简略写法。

下面我来介绍使用 PySimpleGUI 编写应用程序的方法。

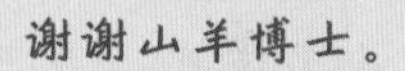

应用程序以窗口的形式显示，我们操作窗口来控制程序的执行。

也就是说，应用程序由“显示部分”和“内部逻辑执行部分”组成，我们要编写的就是这两部分。可以用 PySimpleGUI 分别编写“画面布局部分”和“执行部分”。

首先编写“画面布局部分”，通过控件列表准备好布局，创建窗口，控件也称为元素。

什么是控件啊？

控件就是应用程序画面上的部件（如文本框或按钮），有很多种哦。

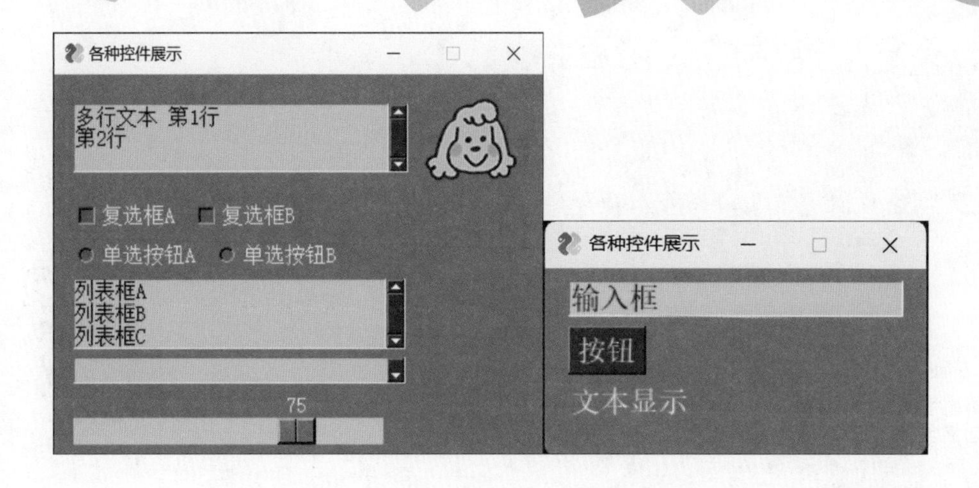

原来如此。在应用程序中经常看见它们。

其中常用的控件有文本框 Input、按钮 Button 和显示文本的 Text 等。把它们加入列表中，并作为参数传递给 Window() 命令。

格式：Input、Button、Text 控件（元素）

```
sg.Input("<默认输入的字符串>")
sg.Button("<按钮上的字符串>")
sg.Text("<显示的字符串")
```

格式：创建应用程序窗口

```
<窗口变量> = sg.Window("<标题>", <控件列表>)
```

显示 3 个控件的应用程序

下面就用常见的控件来编写测试应用程序吧。我们来做一个显示Input、Button、Text的应用程序。代码在下面啦。

咦？我以为layout里面的列表会写成“layout = [元素1, 元素2, 元素3]”，怎么还有两个中括号“[[”呢？

两个中括号表示“列表中的各元素也是列表”，也就是列表中的列表。也可以称为二维矩阵，写作“layout = [[元素1], [元素2], [元素3]]”。其中的含义我会在后面讲解，先直接输入吧。

test201.py

```
import PySimpleGUI as sg

layout = [[sg.Input("双叶")],
          [sg.Button("执行")],
          [sg.Text("你好")]]
window = sg.Window("测试", layout)

event, values = window.read()
window.close()
```

测试应用程序启动啦。

输出结果

测试

双叶

执行

你好

做好啦。但是点击一下“执行”按钮，应用程序就立刻结束了。

这是因为我们只编写了应用程序的“画面布局部分”。

对呀，最后的 window.read() 是什么？

window.read() 是“等待按下按钮的命令”。按下按钮时，将“被按下的按钮”和“各个控件的值”代入变量，然后进入下一条命令。

格式：查看按下的按钮

<被按下的按钮>, <各个控件的值> = <窗口变量>.read()

格式：结束应用程序

<窗口变量>.close()

刚才，我们将 window.read() 命令用在测试程序中，实现暂停的功能。按下按钮后，应用程序进入下一条命令 window.close()，结束应用程序的执行。

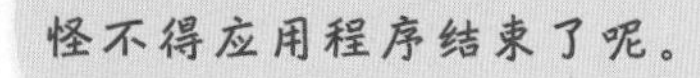

怪不得应用程序结束了呢。

接下来，我们给程序添加“执行部分”。回想一下，常见的应用程序都是一直显示的吧？

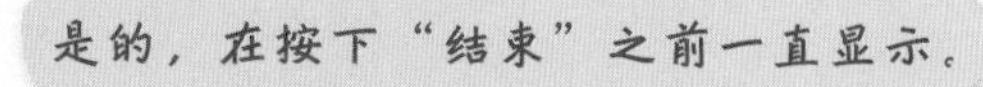

是的，在按下“结束”之前一直显示。

所以，这个应用程序的核心部分，应该是一直执行下去的“while True”无限循环。在循环里可以多次进行按钮的处理。

无限循环?

虽然是无限循环，但按下窗口的“结束”按钮时，会通过break命令跳出循环，结束应用。在代码里写作if event == sg.WINDOW_CLOSE:。相同的功能也可以简写为if event == None:。

格式：应用程序的主循环

```
while True:
    event, values = window.read()
    if event == "<按钮的key>":
        <执行部分>
    if event == None:
        break
window.close()
```

太好了，这样就做完应用程序啦。

哈哈哈，还没做最关键的“执行部分”呢。“执行部分”应该用函数来实现。比如，编写函数execute()，把执行部分都写到这个函数中。

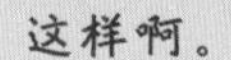

在应用程序中处理这些问题时，“控件名称”是很重要的。

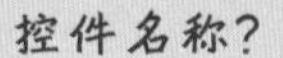

查看“按下的Button”，或者“想要获取某个Input的值”时，为控件做标记是至关重要的。这些标记就是“控件名称”，在程序中写作key。

格式：Input、Button、Text 加上 key 的控件（元素）

```
sg.Input("<默认输入的字符串>", key="<控件名称>")
sg.Button("<按钮上的字符串>", key="<控件名称>")
sg.Text("<显示的字符串", key="<控件名称>")
```

就是以这些key给出的名称作为标记来查找控件。

举个例子，假如用以下含有 key 的控件构造列表并执行。

```
layout = [[sg.Input("双叶"), key="in"],
          [sg.Button("执行"), key="btn"],
          [sg.Text(key="txt")]]
```

那么，当按下应用程序的“执行”按钮时，代码 event, values = window.read() 中的变量 event 的值将改为按钮的 key 指定的名称“btn”。这时，查看 if event == "btn": 就知道“执行”按钮被按下了。即使有多个 Button，也可以通过这种方式区分。

格式：查看某个按钮是否被按下的控件

```
if event == "<控件名称>":
    <执行部分>
```

这里，“按下的按钮”就会存入 event 变量。

原来按钮是一种事件啊。

但是，Input 和 Text 等控件的值要从 values 变量中读取。例如，一个 key 为 in 的 Input 控件的值，需要通过指定 values["in"] 来获取。

格式：获取控件的值

```
values["<控件名称>"]
```

那想要更改Text的显示时，只要更改values就可以了吗？

values是“装有各个控件值的箱子”，更改它不会更改控件的显示。想要更改控件的显示，需要对“window上创建的控件”发出update()命令。

控件更新！

例如，想要把Text控件的显示更改为“你好”，就需要使用Text的key，也就是txt，执行命令window["txt"].update()。

含义就是“窗口‘txt’组件，请将显示更新为‘Hello’。”

格式：更改画面的显示

```
<窗口变量> ["<控件名称>"].update(" 字符串 ")
```

“你好，某某！”应用程序

我们以上面的内容为基础，编写“按下Button，显示‘你好，某某！’”的应用程序。

以下代码中，**window = sg.Window("打招呼测试")** 及以上是“画面布局部分”，**def execute():** 及以下是“执行部分”。尝试输入代码并执行吧。

test202.py

```
import PySimpleGUI as sg

layout = [[sg.Input("双叶", key="in")],
          [sg.Button("执行", key="btn")],
          [sg.Text(key="txt")]]
window = sg.Window("打招呼测试", layout)

def execute():
    txt = "你好，"+values["in"]+"同学！"
    window["txt"].update(txt)

while True:
    event, values = window.read()
    if event == "btn":
        execute()
    if event == None:
        break
window.close()
```

布局部分（import PySimpleGUI as sg ～ window = sg.Window("打招呼测试", layout)）

执行部分（def execute(): ～ window.close()）

输出结果

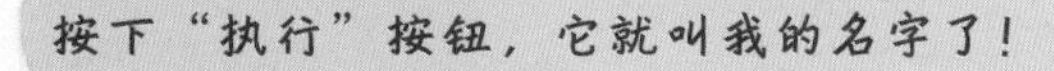

我们把这个程序简化一下吧。

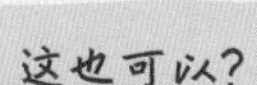

PySimpleGUI 中包含“省略形式”。Input 可以简写成 I，Button 可以简写成 B，Text 可以简写成 T，key 可以简写成 k。

PySimpleGUI 的省略形式

名 称	省略形式
Input	I, In
Button	B, Btn
Text	T, Txt
key	k
Multiline	ML
Image	Im

“你好，某某！”应用程序（简化版）

说实话，“书写代码最重要的规则是清晰易懂”，取只有一个字母的名字不是很合适，容易让人不明所以。

咦？是吗？

但是“快乐地编写应用程序”也是本课的目的之一，为了方便输入代码，这次就例外啦。

太好啦，只有这一次喽！

顺便也简化一下其他变量的名称吧。window 简写为 win，event 简写为 e，values 简写为 v。这样一来，刚才的代码就大大简化了。

比较 test202.py 和 test203.py 就知道有多简化了。

test203.py

```
import PySimpleGUI as sg

layout = [[sg.I(" 双叶 ", k="in")],
          [sg.B (" 执行 ", k="btn")],
          [sg.T(k="txt")]]
win = sg.Window(" 打招呼测试 ", layout)

def execute():
    txt = " 你好，"+v["in"]+" 同学！"
    win["txt"].update(txt)

while True:
    e, v = win.read()
    if e == "btn":
        execute()
    if e == None:
        break
win.close()
```

输出结果

打招呼测试

双叶

执行

你好，双叶同学！

简单多了呢，输入起来更轻松了。

第6课

选择配色

PySimpleGUI 中包含多种配色主题，从列表中选一选吧。

博士博士，您说过用 PySimpleGUI 能制作色彩丰富的应用，我想多学一点儿。

程序库准备了各种配色的主题，可以选择喜欢的外观哦。我们来看看都有什么主题吧。

好啊！

用下面两行代码就可以显示了，试试看。

```
import PySimpleGUI as sg
sg.theme_previewer()
```

只用两行代码就能显示各种配色的主题。

输出结果

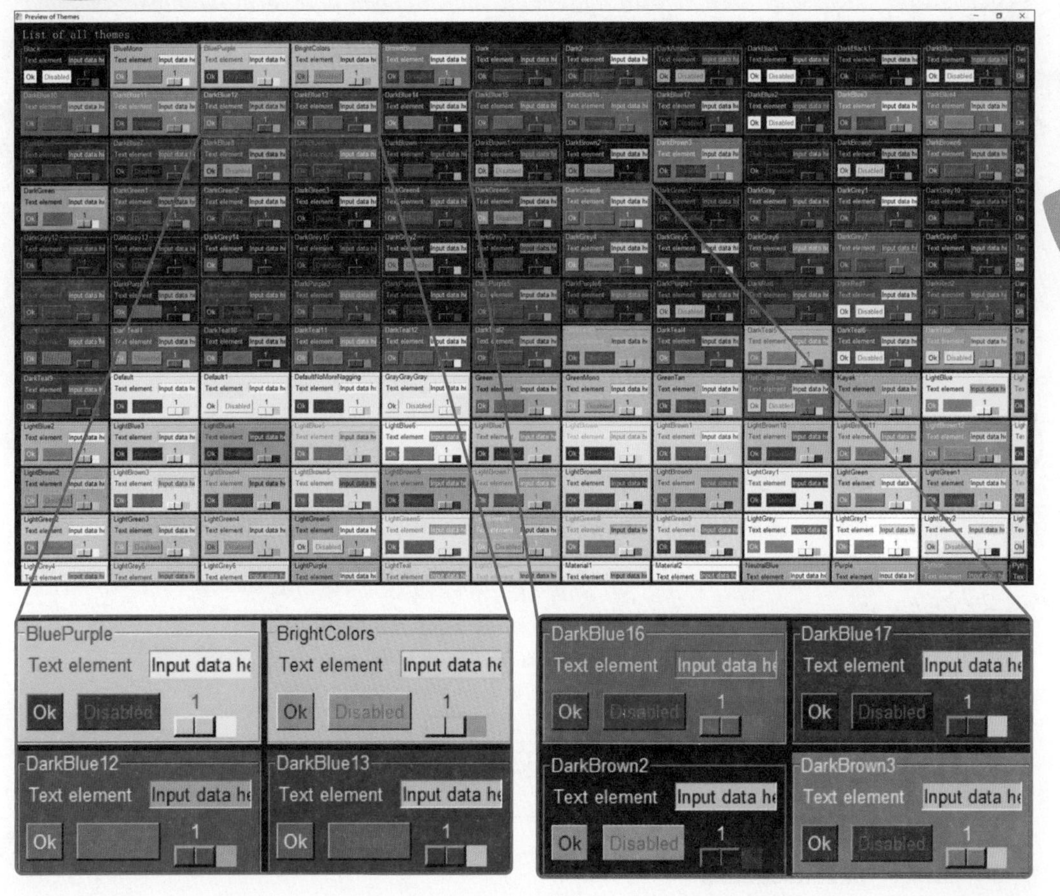

哇，这么多种……

各种配色画面的左上角标有 DarkBlue16 这样的名称。用 theme() 命令指定名称，就能编写这种配色的应用程序了。

好想试试看。比如，BrightColors 是什么样的？

格式：选择主题（配色）

```
sg.theme("<主题名称>")
```

theme() 能更改配色，还有更改应用程序的窗口大小和字体大小的其他设置。需要在构造窗口时指定参数。

我都想试试！

格式：指定窗口大小和字体大小

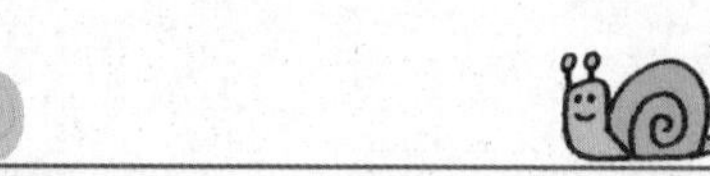

```
<窗口变量> = sg.Window("<标题>", <控件列表>,
    font=(None, <字体大小>), size=(<宽度>, <高度>))
```

“你好，某某！”应用程序（其他颜色）

我们来修改“你好，某某！”应用程序（test203.py）吧。主题是 BrightColors，字体大小改为 14，窗口大小是 300×120（像素）。代码如下。

test205.py

```
import PySimpleGUI as sg
sg.theme("BrightColors")

layout = [[sg.I("双叶", k="in")],
          [sg.B ("执行", k="btn")],
          [sg.T(k="txt")]]
win = sg.Window("打招呼测试", layout, font=(None,14), size=(300,120))

def execute():
    txt = "你好，"+v["in"]+"同学！"
    win["txt"].update(txt)

while True:
    e, v = win.read()
    if e == "btn":
```

```
        execute()
    if e == None:
        break
win.close()
```

输出结果

打招呼测试 — □ ×

双叶

执行

你好，双叶同学！

好可爱！粉彩配色呀！

想试试其他配色吗？

还想看看 Green、DarkTeal2 和 DarkBrown3！

3 种都想尝试，修改一行代码就能做到。

【代码修改部分】test206.py（抹茶配色）

```
sg.theme("Green")
```

输出结果

打招呼测试 — □ ×

双叶

执行

你好，双叶同学！

【代码修改部分】test207.py（赛博配色）

```
sg.theme("DarkTeal2")
```

输出结果

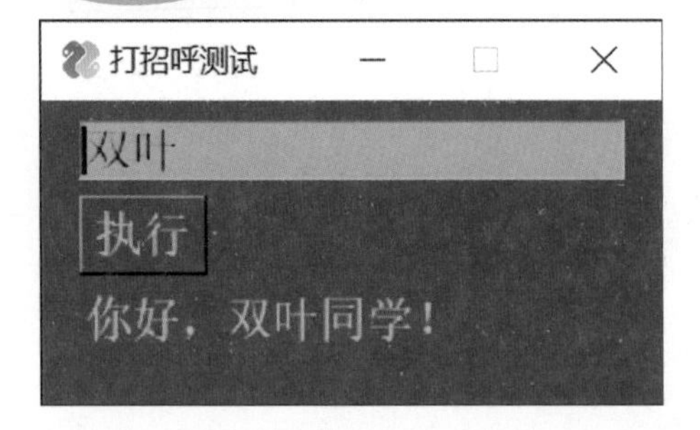

【代码修改部分】test208.py（自然配色）

```
sg.theme("DarkBrown3")
```

输出结果

打招呼测试
双叶
执行
你好，双叶同学！

第7课

用布局创建应用程序的画面

本节课学习应用程序画面的布局方法，借助列表中嵌套列表来实现。

应用程序画面的布局

你已经学过配色的修改方法了，接下来看看画面的布局吧。我以前说过，layout 的列表是一种“列表的列表”，还记得吧？

我记得，用了两个中括号 [[。为什么要这样写呢？

```
layout = [[sg.Input(" 双叶 ")],
          [sg.Button(" 执行 ")],
          [sg.Text(" 你好 ")]]
```

因为这种写法能够指定控件在水平方向和垂直方向的排列。

怎么理解呢？

首先，外侧的中括号 [] 表示整个窗口，它由若干组控件一行一行地在垂直方向排列。内侧的中括号 [] 表示构成每一行的一组控件。例如，以上代码中的列表表示，窗口是由 Input、Button 和 Text 三个控件沿纵向排列成三行的布局。

用外侧列表应该就能表示啊，为什么还需要内侧列表呢？

内侧列表表示窗口内横向排列的一行。现在每行只有一个控件，但需要多个控件的时候就需要用内侧列表横向排列了。

哦。

外侧的列表纵向排列，内侧的列表横向排列。这样组合就可以规定控件在水平方向和垂直方向的位置了。

这就是"列表的列表"的含义啊。

比如，编写3行2列控件布局的应用程序，代码如下。

test209.py（元素布局测试）

```
import PySimpleGUI as sg
sg.theme("DarkBrown3")

layout = [[sg.T(" 第 1 行第 1 列 "), sg.T(" 第 1 行第 2 列 ")],
          [sg.T(" 第 2 行第 1 列 "), sg.T(" 第 2 行第 2 列 ")],
          [sg.T(" 第 3 行第 1 列 "), sg.B(" 按钮 ")]]
win = sg.Window(" 元素布局测试 ", layout, font=(None, 14), size=(300, 120))

e, v = win.read()
win.close()
```

输出结果

元素布局测试

第1行第1列　第1行第2列
第2行第1列　第2行第2列
第3行第1列　按钮

列表的列表能够大致表示排列的位置。

Text 的文本对齐

PySimpleGUI 不仅能指定窗口内的布局，还能指定 Text 或者 Input 的左对齐、居中对齐、右对齐等文本对齐方式。

“居中对齐”用在把字符串放在正中间的时候啊。

对齐方式用 justification 指定。为了规定“在什么范围内对齐文本”的标准，对齐文本的同时还要指定控件的尺寸。

格式：Text 和 Input 控件的文本对齐

```
sg.Text("<显示字符串>", size=(<宽度>,<高度>),
    justification="<left/center/right>")
sg.Input("<显示字符串>", size=(<宽度>,<高度>),
    justification="<left/center/right>")
```

下面编写 Text 或 Input 呈左对齐、居中对齐、右对齐的应用程序。输入下列代码并执行。

test210.py（字符串布局测试）

```
import PySimpleGUI as sg
sg.theme("DarkBrown3")

layout = [[sg.T("ABCDE", size=(30,1), justification="left")],
          [sg.T("ABCDE", size=(30,1), justification="center")],
          [sg.I("ABCDE", size=(30,1), justification="right")]]
win = sg.Window("字符串布局测试", layout, font=(None, 14),
    size=(300, 120))

e, v = win.read()
win.close()
```

文本按照指定的方式排列啦。

输出结果

字符串布局测试

ABCDE
ABCDE
ABCDE

其他控件

PySimpleGUI 还有什么控件？

就像我一开始说的，应用程序中常用的控件都有，如多行文本框、图像显示、复选框、单选按钮、列表框、组合框、滑动条等。

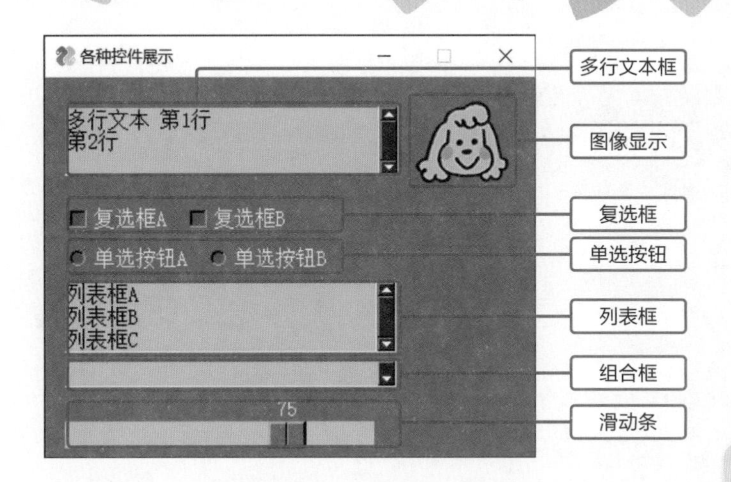

有这么多啊。

我再介绍一下多行文本框和图像显示这两个控件吧。Input（文本框）只能输入1行文本，而Multiline（多行文本框）可以显示或输入无穷多行。

可以用于很长的文本呢。

换行时输入含有反斜杠\的\n就可以啦。另外Multiline的简写形式是ML。

格式：Multiline（元素）

```
sg.Multiline("<显示字符串>")
sg.ML("<显示字符串>")
```

备忘录

反斜杠的输入

按下列按键可以输入反斜杠。

・Windows 系统

直接按键盘上的“\”键即可输入。在有些国家和地区（如日本），IDLE 等程序会将“\”显示成“¥”，但效果是相同的。

・macOS 系统

需要按 option + ¥ 键来输入。

Image（图像显示）是显示图像的控件。准备好想要显示的图像文件，指定该文件的路径即可显示。Image 的简写形式为 Im。

显示图像的控件一定很有趣。

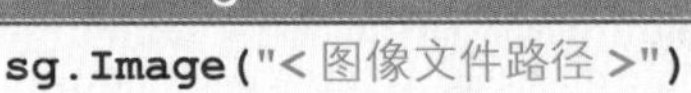

格式：Image（元素）

```
sg.Image("<图像文件路径>")
sg.Im("<图像文件路径>")
```

接下来编写显示 **Text**、**Input**、**Multiline** 和 **Image** 控件的应用程序。

为了让如下代码显示图像，要将图像文件 portrait.png 放在代码文件 test211.py 所在的文件夹中。**Image** 控件支持 PNG 和 GIF 格式的图像。读者可下载包含 portrait.png 的本书附件，或者修改代码换成自己喜爱的图像。

test211.py（各种控件的展示）

```
import PySimpleGUI as sg
sg.theme("DarkBrown3")

layout = [[sg.T("文本")],
          [sg.I("文本框")],
          [sg.ML("多行文字 第1行\n第2行", size=(30,3))],
          [sg.Im("portrait.png")]]
win = sg.Window("文本框测试", layout, font=(None, 14), size=(300, 240))

e, v = win.read()
win.close()
```

输出结果

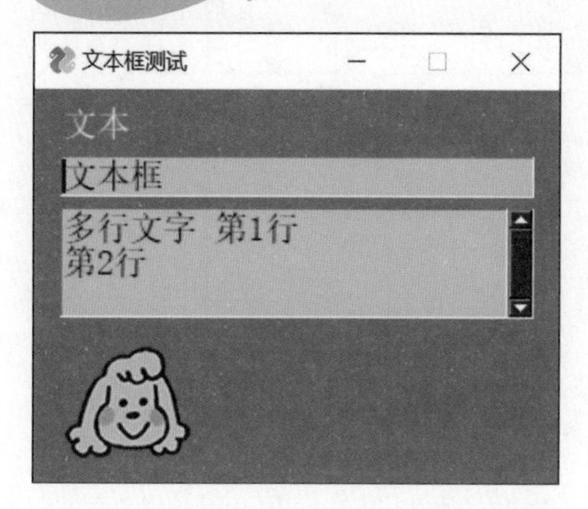

我出现在应用程序里啦！

你已经学会怎么编写应用程序了，接下来尝试编写各种各样的应用程序吧。我为你准备了第3章“编写计算应用程序”、第4章“编写时钟应用程序”、第5章“编写文件操作应用程序”、第6章“编写游戏应用程序”的学习计划。

还能编写时钟应用程序啊。

上面的章节是按难易程度排列的。你也可以选择自己喜欢的章节哦。

那我选“编写游戏应用程序”。不，还是从简单的“编写计算应用程序”开始吧。

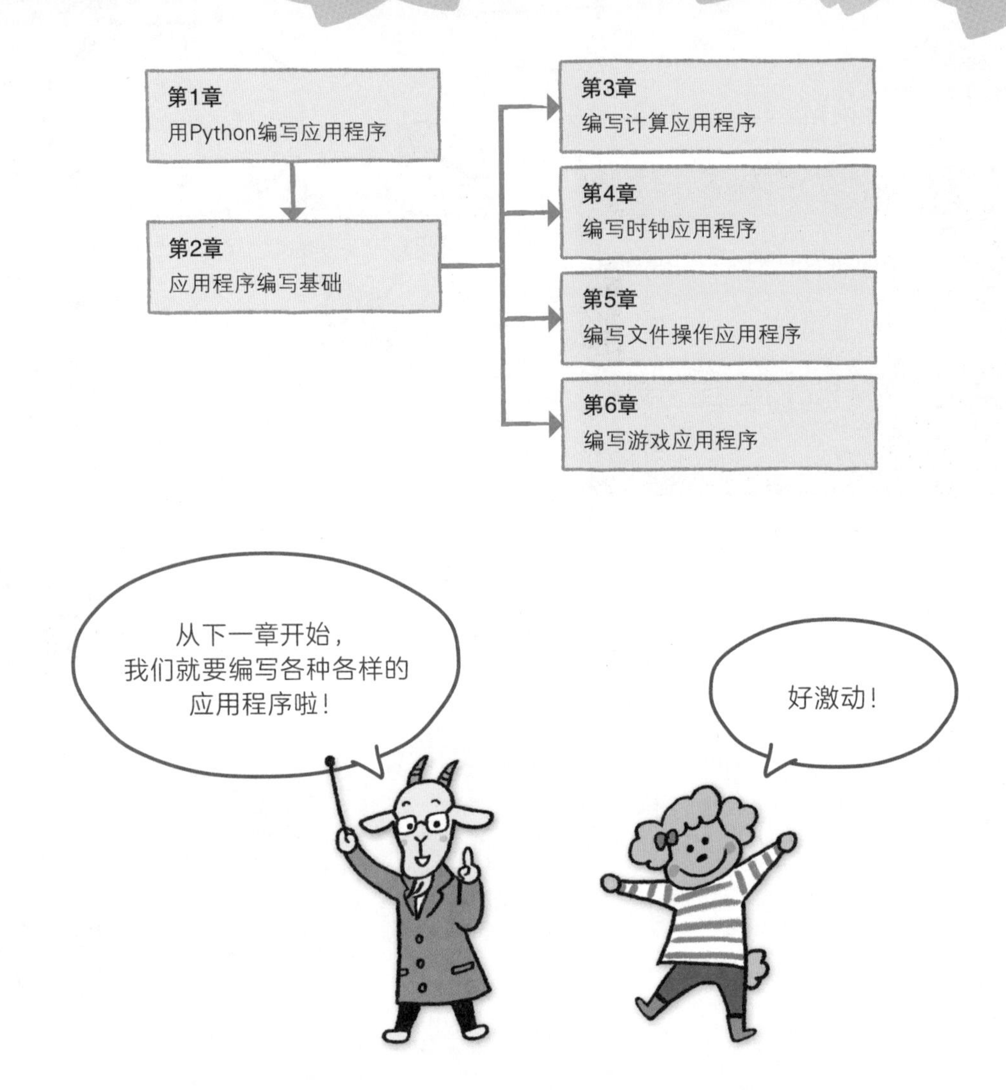
第1章
用Python编写应用程序
第2章
应用程序编写基础
第3章
编写计算应用程序
第4章
编写时钟应用程序
第5章
编写文件操作应用程序
第6章
编写游戏应用程序
从下一章开始，我们就要编写各种各样的应用程序啦！
好激动！

第3章

编写计算应用程序

久等啦！
终于要制作具体的
应用程序了。
好激动！

什么样的应用程序呢？
从简单的应用程序
开始吧。

比如呢？
计算器应用
怎么样？

好啊，还能学习输入和
输出的基础知识呢。

哇！
那就一箭双雕了。

我们来实际动手吧！
好耶！

引 言

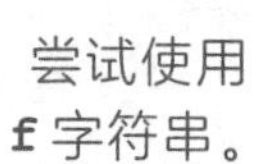

AA 制应用程序

AA制应用程序

请输入金额和人数。

金额 100

人数 4

执行 每个人消费25.00元。

BMI 值计算应用程序

BMI值计算应用程序

请输入身高和体重。

身高(cm) 160

体重(kg) 60

执行 您的BMI值是23.44。

出生的秘密应用程序

出生的秘密应用程序

我来告诉你出生的秘密。

你的年龄是？ 18

妈妈的年龄是？ 48

执行

你的妈妈在30岁时生下了你。

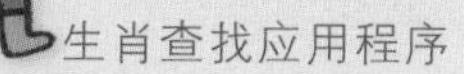

生肖查找应用程序

生肖查找应用程序

查找指定年份的生肖。

公元年份是？ 2023

执行

第8课

用变量构造字符串的便捷方法——f字符串

借助f字符串能够构造出直观呈现结果的字符串。一起学习它的使用方法吧。

下面来编写计算应用程序吧。

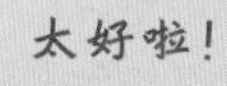

首先，我来介绍一下编写应用程序时会用到的便捷功能。

什么功能?

应用程序大多需要显示结果，这时使用“格式化的字符串字变量”十分方便，简称“f字符串”。

好复杂的名字。

处理结果代入变量中的，直接显示变量的值不便于理解，在前后加上说明字符串就好理解了。

比如"你好，"+values["in"]+"同学!"?

没错!使用f字符串就不必为字符串做加法了，而是把变量的值嵌入字符串中。

哦。

上面的内容，用 f 字符串写作 f"你好，{values["in"]}同学！"。

也没有很短呀。

长度没什么变化，但好处是更加直观。来看看具体的例子吧。

格式：f 字符串的写法

f"字符串{变量名以及表达式}字符串"

f 字符串测试（嵌入字符串和整数）

f 字符串的写法是，①在字符串最前方写"f"。

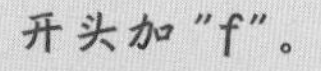

开头加"f"。

②在字符串中需要嵌入变量名的位置，把变量名包裹在大括号中。这样，{变量名}就会替换为"值"。任何数据类型的变量都可以。整数、小数和列表也能够变为字符串。

哦，{变量名}部分就表示"这里要变成具体的值"。

比如，我们接下来试着编写为变量 a 代入字符串，为变量 b 代入整数，再嵌入字符串的程序。输入以下代码并执行。

test301.py

```
a=" 黄山 "
b=1865
txt=f"{a} 的海拔高度是 {b}m。"
print(txt)
```

输出结果

```
黄山的海拔高度是 1865m。
```

"{a} 的高度是 {b}m。" 变成了 "黄山的海拔高度是 1865m。" 一看就懂啦。

原　值	a="黄山", b=1865
格　式	{a}的海拔高度是{b}m。
转换后	黄山的海拔高度是1865m。

f 字符串测试（表达式）

大括号里也可以写表达式哦。比如，指定 f"{a+b}" 就会显示 a+b 的计算结果。

test302.py

```
a = 1
b = 2
print(f"a={a} b={b}")
print(f"{a}+{b}={a+b}")
```

输出结果

```
a=1 b=2
1+2=3
```

{a}+{b}={a+b} 看起来复杂，如果把大括号里的内容看作一个整体，就是“○ + ○ = ○”。

原 值	a=1、b=2
格 式	{a}+{b}={a+b}
转换后	1+2=3

f 字符串测试（位数分组、补零、小数点后的位数）

f 字符串还可以把数值表示成更易读的形式。

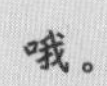

哦。

比如，每三位数字用逗号分隔的写法称为“位数分组”，写作 f"{ 变量名 :,}"。

像大款的银行账号上金额的逗号呢。

像“test0001”和“test0012”这样，位数不足时用 0 填充的写法称为“补零”，写作 f"{ 变量名 :0< 位数 >}"。

原来是这样啊。

想要指定小数的小数点后有几位数，可写作 f"{ 变量名 :.< 小数点后位数 >f}"。超过位数的四舍五入，位数不足的用 0 填充。

有这么多种转换方法呢。

格式：f 字符串：位数分组、补零、小数点后的位数

```
f" 字符串 { 变量名及表达式 :,} 字符串 "                    # 位数分组
f" 字符串 { 变量名及表达式 :0< 位数 >} 字符串 "             # 补零
f" 字符串 { 变量名及表达式 :.< 小数点后位数 >f} 字符串 "     # 小数点后的位数
```

test303.py

```python
a = 12
b = 1234567
print(f" 位数分组：a={a:,} b={b:,}")
print(f" 不满 5 位数补零：a={a:05} b={b:05}")
c = 123.4
d = 123.456789
print(f" 小数点后 3 位：c={c:.3f} d={d:.3f}")
print(f" 小数点后 5 位：c={c:.5f} d={d:.5f}")
```

输出结果

```
位数分组：a=12 b=1,234,567
不满 5 位数补零：a=00012 b=1234567
小数点后 3 位：c=123.400 d=123.457
小数点后 5 位：c=123.40000 d=123.45679
```

接下来学习
转换的方法吧！

原 值	a=12、b=1234567	c=123.4、d=123.456789
格 式	a={a:,} b={b:,} a={a:05} b={b:05}	c={c:.3f} d={d:.3f} c={c:.5f} d={d:.5f}
转换后	a=12 b=1,234,567 a=00012 b=1234567	c=123.400 d=123.457 c=123.40000 d=123.45679

f 字符串测试（二进制数和十六进制数的显示）

还可以在代码中很方便地显示二进制数和十六进制数。二进制数写作 f"{变量:#b}"，十六进制数写作 f"{变量:#x}"。

格式：f 字符串：二进制数和十六进制数

```
f"字符串{变量名及表达式:#b}字符串"    # 二进制数
f"字符串{变量名及表达式:#x}字符串"    # 十六进制数
```

test304.py

```
a = 123
b = 255
c = 65535
print(f"  二进制数：a={a:#b} b={b:#b} c={c:#b}")
print(f"十六进制数：a={a:#x} b={b:#x} c={c:#x}")
```

输出结果

```
  二进制数：a=0b1111011 b=0b11111111 c=0b1111111111111111
十六进制数：a=0x7b b=0xff c=0xffff
```

原　值	a=123、b=255、c=65535
格　式	a={a:#b}　b={b:#b}　c={c:#c} a={a:#x}　b={b:#x}　c={c:#x}

转换后	a=0b1111011　b=0b11111111　c=0b1111111111111111 a=0x7b　b=0xff　c=0xffff

第9课

AA 制应用程序

本节课学习编写一个输入金额和人数，显示每个人的金额的应用程序。

你已经学习了 f 字符串，下面来编写一系列具体的应用程序吧。首先是 AA 制应用程序，就是输入金额和人数，显示每个人的金额。

聚餐的时候就能算出每个人的消费金额啦。

成品效果图

AA制应用程序

请输入金额和人数。

金额 100

人数 4

执行 每个人消费25.00元。

 AA 制应用程序设计

每个人的消费金额可以用“总消费金额 ÷ 人数”来表示。设总消费金额为变量 **in1**，人数为 **in2**，则由表达式 **in1/in2** 可求出每个人的消费金额。

我们希望将计算结果用 f 字符串显示为“每个人消费○元。”。如果不能整除，则设为保留小数点后两位，写作 f" 每个人支出 {in1 / in2 :.2f} 元。"。

作为测试，我们首先编写 4 个人消费 100 元的代码。请执行以下代码。

test305.py

```
in1 = 100
in2 = 4
txt = f"每个人消费 {in1 / in2 :.2f} 元。"
print(txt)
```

输出结果

```
每个人消费 25.00 元。
```

AA 制应用程序布局

首先设计应用程序的界面。

我们需要输入金额和人数，按下按钮，显示结果。需要的控件有“金额输入框”（**in1**）、“人数输入框”（**in2**）、“执行按钮”（**btn**）和“显示结果的文本”（**txt**）。但是如果只使用这些控件，第一次使用这个应用程序的人会看不懂界面。

因此，我们需要加入说明文本。

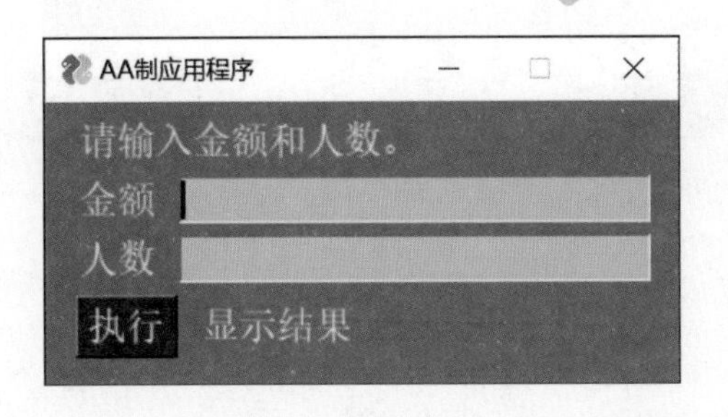

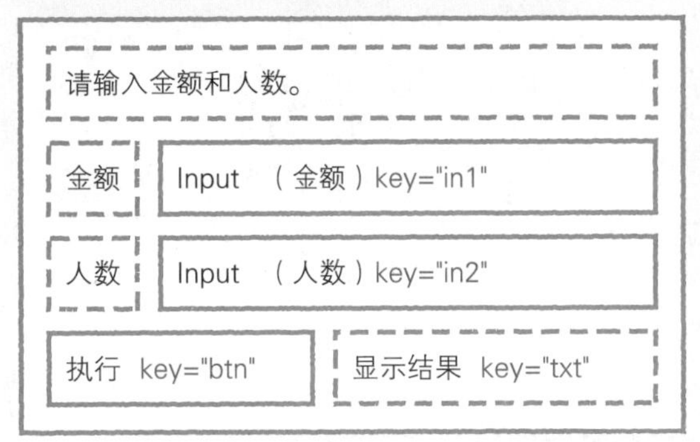

以上布局可以用以下代码写成一个 **layout** 列表。“显示结果”处的文本会在执行后显示，一开始不会显示，所以设置一个空的文本控件“**sg.T(k="txt")**”。

```
layout = [[sg.T("请输入金额和人数。")],
          [sg.T("金额"), sg.I(k="in1")],
          [sg.T("人数"), sg.I(k="in2")],
          [sg.B("执行", k="btn"), sg.T(k="txt")]]
```

编写 AA 制应用程序

下面尝试完成 AA 制应用程序的编写。

我们借助 test305.py 的计算方法实现按下按钮时执行的 **execute()** 函数，结果用 **update()** 函数显示。

例：按下按钮时，计算每人份额的函数

```
def execute():
    in1 = int(v["in1"])
    in2 = int(v["in2"])
    txt = f"每个人消费{in1 / in2 :.2f}元。"
    win["txt"].update(txt)
```

作为参考的默认值，在 Input 控件“**in1**”中填入 100，“**in2**”中填入 4。

AA.py

```
import PySimpleGUI as sg
sg.theme("DarkBrown3")

layout = [[sg.T("请输入金额和人数。")],
          [sg.T("金额"), sg.I("100", k="in1")],
          [sg.T("人数"), sg.I("4", k="in2")],
          [sg.B("执行", k="btn"), sg.T(k="txt")]]
win = sg.Window("AA制应用程序", layout,font=(None, 14),
    size=(320, 150))

def execute():
    in1 = int(v["in1"])
    in2 = int(v["in2"])
    txt = f"每个人消费{in1 / in2 :.2f}元。"
    win["txt"].update(txt)

while True:
    e, v = win.read()
    if e == "btn":
      execute()
    if e == None:
        break
win.close()
```

输出结果

AA制应用程序

请输入金额和人数。

金额 100

人数 4

执行 每个人消费25.00元。

我亲手写出了方便的应用程序！好开心！

第10课

BMI值计算应用程序

本节课学习编写一个输入身高和体重，显示身体质量指数 BMI 的值的应用程序。

接下来编写BMI计算应用程序。这是一个输入身高和体重，显示身体质量指数 BMI 的值的应用程序。

咦，是不是在《Python 一级：从零开始学编程》接触过 BMI 值的计算？

设错，这次我们要把它做成应用程序。程序界面和 AA 制应用程序使用相同的控件。

成品效果图

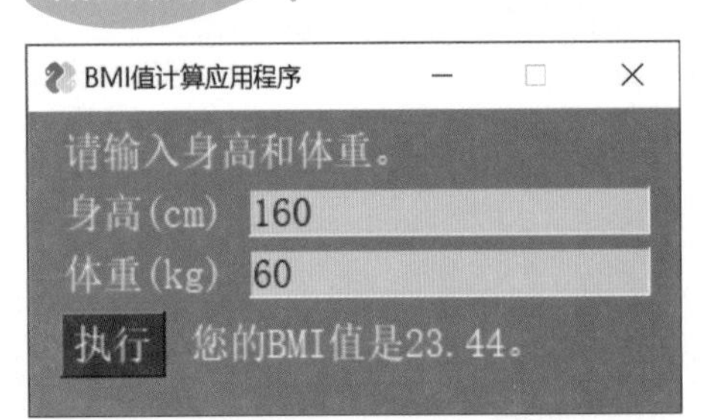

这个应用真方便!

BMI 值计算应用程序设计

BMI 值的计算方法是“体重 (kg) ÷ [身高 (m) × 身高 (m)]”。设身高 (m) 为 **in1**，体重 (kg) 为 **in2**，通过表达式“**in2 / (in1 * in1)**”计算 BMI 值并存入变量 **bmi**。

我们希望将计算结果用 f 字符串显示为“您的 BMI 值是○。”。如果除不尽，则将结果取到小数点后两位，写法为 **f"** 您的 **BMI** 值是 **{bmi:.2f}**。**"**。

作为测试，我们先编写一段身高 1.6m、体重 60kg 时的 BMI 值的计算代码。请执行以下代码。

test306.py

```
in1 = 1.60
in2 = 60
bmi = in2 / (in1 * in1)
txt = f"您的 BMI 值是 {bmi:.2f}。"
print(txt)
```

输出结果

```
您的 BMI 值是 23.44。
```

BMI 值计算应用程序布局

接下来分析应用程序的界面。

与之前的 AA 制应用程序一样，BMI 值计算应用程序也是输入两个数值，按下按钮，显示结果，需要的控件是“身高输入框”（**in1**）、“体重输入框”（**in2**）、“执行按钮”（**btn**）和“结果显示文本”（**txt**）。为了便于理解，加入“说明文字”。

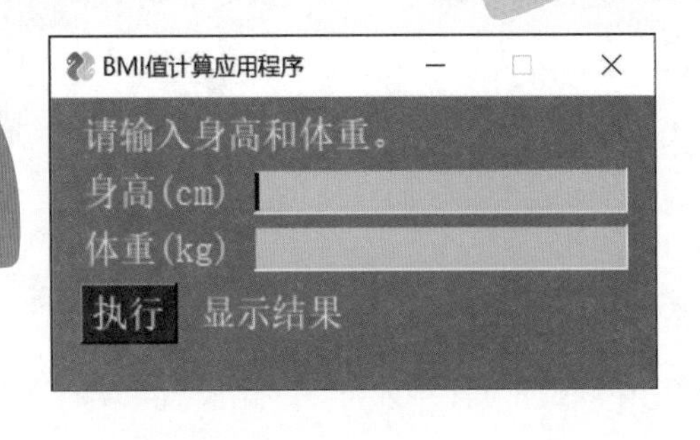

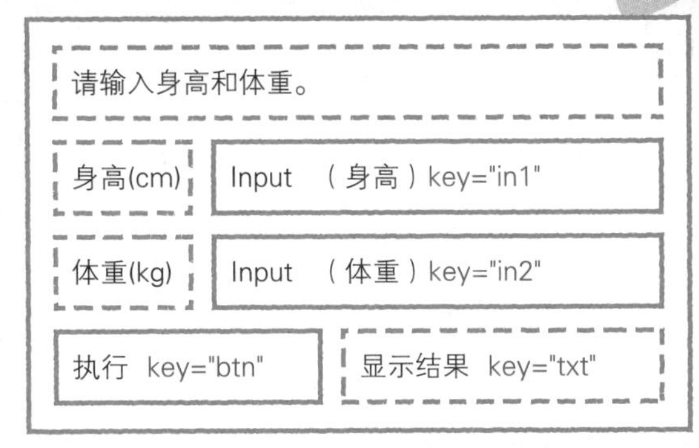

以上布局用 **layout** 列表编写为以下代码。

```
layout = [[sg.T("请输入身高和体重。")],
          [sg.T("身高 (cm)"), sg.I("160", k="in1")],
          [sg.T("体重 (kg)"), sg.I("60", k="in2")],
          [sg.B("执行", k="btn"), sg.T(k="txt")]]
```

编写 BMI 值计算应用程序

下面来完成 BMI 值计算应用程序的编写。

借助“test306.py”的计算方法实现按下按钮执行的 **execute()** 函数，结果用 **update()** 函数显示。

这里要注意，BMI 值计算使用的身高单位是“m”。但我们通常不说“我的身高是 1.6m”，而是说“我的身高是 160cm”。也就是说，用户习惯使用的身高单位是“cm”。

因此，在程序中输入身高时使用的单位是“cm”。用户以“cm”为单位输入身高数据，应用程序内部将它除以 100，转换为以“m”为单位再计算。类似这样考虑用户的使用习惯，是编写应用程序时需要注意的关键点。

例：按钮按下时，计算 BMI 值的函数

```
def execute():
    in1 = float(v["in1"])/100.0
    in2 = float(v["in2"])
    bmi = in2 / (in1 * in1)
    txt = f"您的 BMI 值是 {bmi:.2f}。"
    win["txt"].update(txt)
```

作为参考的默认值，在 Input 控件 **in1** 中填入“160”，在 **in2** 中填入“60”。

bmi.py

```
import PySimpleGUI as sg
sg.theme("DarkBrown3")

layout = [[sg.T("请输入身高和体重。")],
          [sg.T("身高 (cm)"), sg.I("160", k="in1")],
          [sg.T("体重 (kg)"), sg.I("60", k="in2")],
          [sg.B("执行", k="btn"), sg.T(k="txt")]]
win = sg.Window("BMI 值计算应用程序", layout, font=(None, 14),
    size=(320, 150))

def execute():
    in1 = float(v["in1"])/100.0
    in2 = float(v["in2"])
    bmi = in2 / (in1 * in1)
    txt = f"您的 BMI 值是 {bmi:.2f}。"
    win["txt"].update(txt)

while True:
    e, v = win.read()
    if e == "btn":
      execute()
    if e == None:
        break
win.close()
```

输出结果

BMI值计算应用程序

请输入身高和体重。

身高(cm) 160

体重(kg) 60

执行 您的BMI值是23.44。

真好玩。我想多输入几次不同的身高和体重试试。

出生的秘密应用程序

输入你和妈妈的年龄，编写出生的秘密应用程序吧。

博士……虽然编写了这么多应用程序，但我实在想不出能用在应用程序里的公式……我又不是数学家。

简单的计算也能做出好玩的应用程序来哦。关键是对应用程序的用户有没有意义。比如，“出生的秘密应用程序”怎么样？

什么？还能编写出这种应用程序？

这个应用程序能告诉你“妈妈在什么年龄生下你”。

我确实没想过！

先输入你现在的年龄和妈妈的年龄，用妈妈的年龄减去你的年龄，这样就算出妈妈生下你的年龄了。只用减法就能算出来，对吧？

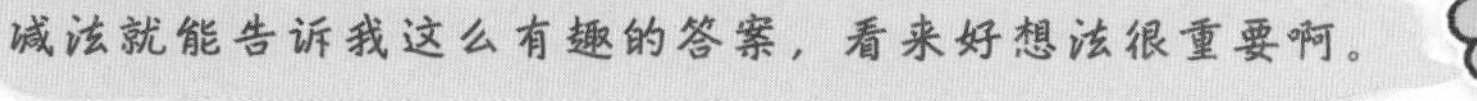

减法就能告诉我这么有趣的答案，看来好想法很重要啊。

成品效果图

出生的秘密应用程序设计

你的妈妈生下你时的年龄可以用“妈妈的年龄－你的年龄”来计算。设你的年龄为变量 **in1**，妈妈的年龄为变量 **in2**，则表达式为 **in2-in1**。

结果使用 f 字符串 **f"** 你的妈妈在 **{in2 - in1}** 岁时生下了你 **"** 来表达。

作为测试，设你的年龄为 18 岁，妈妈的年龄为 48 岁，编写以下代码。

test307.py

```
in1 = 18
in2 = 48
txt = f"你的妈妈在{in2 - in1}岁时生下了你。"
print(txt)
```

输出结果

```
你的妈妈在30岁时生下了你。
```

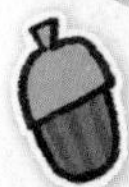

出生的秘密应用程序布局

接下来考虑应用程序的界面。

需要的控件为“你的年龄输入框”（**in1**）、“妈妈的年龄输入框”（**in2**）、“执行按钮”（**btn**）、和“结果显示文本”（**txt**），并加入“说明文字”。

出生的秘密应用程序

我来告诉你出生的秘密。

你的年龄是？ 18

妈妈的年龄是？ 48

执行

显示结果

我来告诉你出生的秘密。

你的年龄是? | Input （年龄1） key="in1"

妈妈的年龄是? | Input （年龄2） key="in2"

执行 key="btn"

显示结果 key="txt"

上述布局用 **layout** 列表编写为以下代码。

```
layout = [[sg.T(" 我来告诉你出生的秘密。")],
          [sg.T(" 你的年龄是？ "), sg.I("18",k="in1")],
          [sg.T(" 妈妈的年龄是？ "), sg.I("48",k="in2")],
          [sg.B(" 执行 ", k="btn")],
          [sg.T(k="txt")]]
```

编写出生的秘密应用程序

接下来完成输入自己和妈妈的年龄，知道妈妈在什么年龄生下自己的应用程序的编写。

用“test307.py”的计算方法来编写按下按钮执行的 **execute()** 函数，结果用 **update()** 函数显示。

例：按下按钮后，计算生育年龄的函数

```
def execute():
    in1 = int(v["in1"])
    in2 = int(v["in2"])
    txt = f"你的妈妈在{in2 - in1}岁时生下了你。"
    win["txt"].update(txt)
```

作为参考的默认值，在 Input 控件 **in1** 中填入“18”，在 **in2** 中填入“48”。

birth.py

```
import PySimpleGUI as sg
sg.theme("DarkBrown3")

layout = [[sg.T("我来告诉你出生的秘密。")],
          [sg.T("你的年龄是? "), sg.I("18", k="in1")],
          [sg.T("你的年龄是? "), sg.I("18", k="in1")],
          [sg.T("妈妈的年龄是? "), sg.I("48", k="in2")],
          [sg.B("执行", k="btn")],
          [sg.T(k="txt")]]
win = sg.Window("出生的秘密应用程序", layout, font=(None, 14),
    size=(420, 170))
def execute():
    in1 = int(v["in1"])
    in2 = int(v["in2"])
    txt = f"你的妈妈在{in2 - in1}岁时生下了你。"
    win["txt"].update(txt)
```

```
while True:
    e, v = win.read()
    if e == "btn":
        execute()
    if e == None:
        break
win.close()
```

输出结果

出生的秘密应用程序

我来告诉你出生的秘密。

你的年龄是？ 18

妈妈的年龄是？ 48

执行

你的妈妈在30岁时生下了你。

原来妈妈是在30岁时生下我的，好感慨呀。

第12课

生肖查找应用程序

本节课学习编写一个查询指定年份的生肖的应用程序。

我们来制作一个使用数据的应用程序吧，这个程序是查询指定年份的生肖的应用程序。

一下子就能知道明年的生肖了。

成品效果图

生肖查找应用程序

查找指定年份的生肖。

公元年份是？ 2023

执行

2023年是卯年。

生肖查找应用程序设计

先准备一个生肖的列表。

在这个列表中，生肖用十二地支表示，可以通过公元年份除以 12 的余数来查找。

```
years = ["子", "丑", "寅", "卯", "辰", "巳", "午", "未", "申",
    "酉", "戌", "亥"]
```

years 列表中的“0”代表“子”，“1”代表“丑”，“2”代表“寅”，但可能和实际的公元年份除以 12 的余数不是直接对应的，需要仔细检查。

例如，公元 2008 年的生肖是“子”。“子”在 **years** 列表中的序号是“0”，但 2008 除以 12 的余数，通过表达式 **2008 % 12 = 4**，算出是 4。因此，需要先减去 4 再计算余数，表达式是 **(2008-4) % 12 = 0**。求出 0 后，查到列表中对应的元素是“子”。

设公历年份为变量 in1，计算 index = (in1 － 4) % 12，可以求出查找生肖列表所用的索引值（也可以加 8，通过 index = (in1 + 8) % 12 计算）。

生 肖	子	丑	寅	卯	辰	巳	午	未	申	酉	戌	亥
年	2008	2009	2010	2011	2012	2013	2014	2015	2016	2017	2018	2019
年 % 12	4	5	6	7	8	9	10	11	0	1	2	3
(年 -4) % 12	0	1	2	3	4	5	6	7	8	9	10	11

用 f 字符串写作 **f"{in1} 年是 {years[index]} 年"**。作为测试，我们编写代码求出 2023 年的生肖。

test308.py

```
years = ["子", "丑", "寅", "卯", "辰", "巳", "午", "未", "申",
    "酉", "戌", "亥"]
in1 = 2023
index = (in1 - 4) % 12
txt = f"{in1} 年是 {years[index]} 年。"
print(txt)
```

输出结果

```
2023 年是卯年。
```

生肖查找应用程序布局

下面分析应用程序的界面。

需要的控件包括“公元年份输入框”（**in1**）、“执行按钮”（**btn**）和“结果显示文本”（**txt**），并加入“说明文字”。

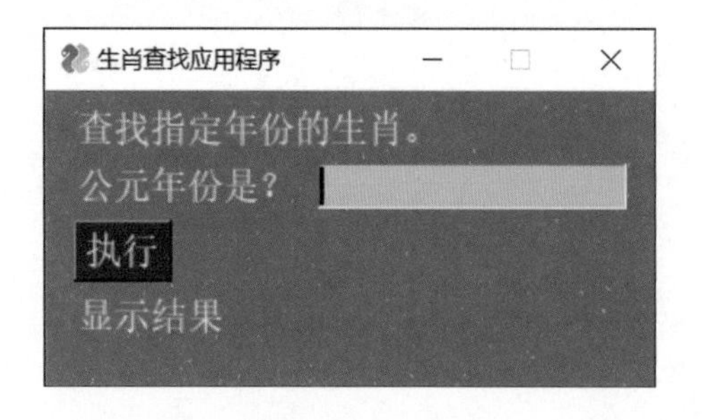

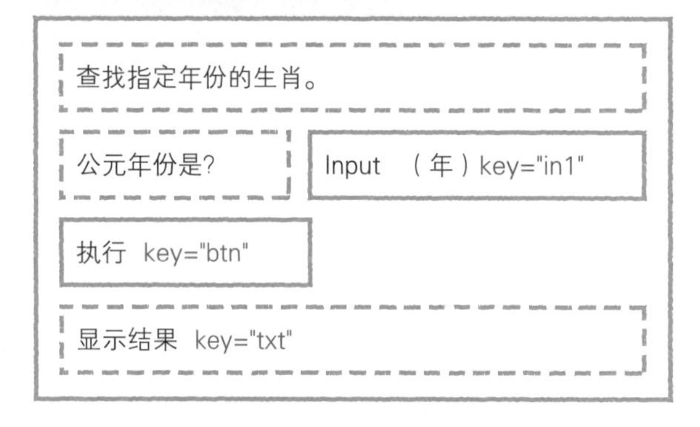

上述布局用 **layout** 列表编写为以下代码。

```
layout = [[sg.T(" 查找指定年份的生肖。")],
          [sg.T(" 公元年份是？ "), sg.I("2023",k="in1")],
          [sg.B(" 执行 ", k="btn")],
          [sg.T(k="txt")]]
```

编写生肖查找应用程序

接下来完成生肖查找应用程序的编写。

用“test308.py”的计算方法来编写按下按钮执行的 **execute()** 函数，结果用 **update()** 函数显示。

例：按下按钮后，查找生肖的函数

```
def execute():
    years = ["子", "丑", "寅", "卯", "辰", "巳", "午", "未",
        "申", "酉", "戌", "亥"]
    in1 = int(v["in1"])
    index = (in1 - 4) % 12
    txt = f"{in1} 年是 {years[index]} 年。"
    win["txt"].update(txt)
```

作为参考的默认值，在 Input 控件“**in1**”中填入“2023”。

years.py

```
import PySimpleGUI as sg
sg.theme("DarkBrown3")

layout = [[sg.T(" 查找指定年份的生肖。")],
          [sg.T(" 公元年份是？ "), sg.I("2023", k="in1")],
          [sg.B(" 执行 ", k="btn")],
          [sg.T(k="txt")]]
win = sg.Window(" 生肖查找应用程序 ", layout, font=(None, 14),
    size=(320, 150))

def execute():
    years = ["子", "丑", "寅", "卯", "辰", "巳", "午", "未",
        "申", "酉", "戌", "亥"]
    in1 = int(v["in1"])
    index = (in1 - 4) % 12
    txt = f"{in1} 年是 {years[index]} 年。"
    win["txt"].update(txt)
```

第12课

```
while True:
    e, v = win.read()
    if e == "btn":
        execute()
    if e == None:
        break
win.close()
```

输出结果

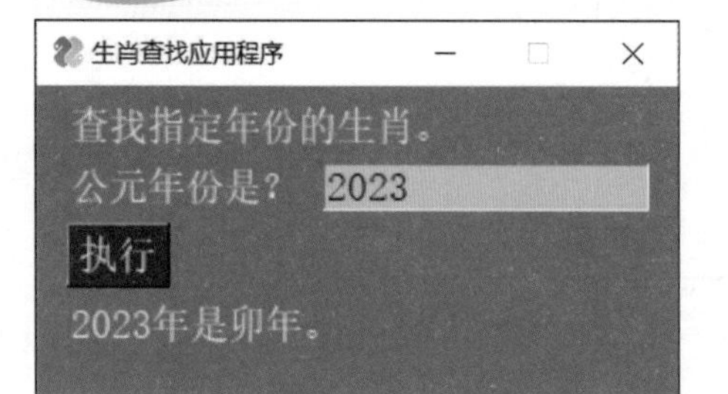

生肖查找应用程序做好啦。如果除了文字还能显示图片，会不会更好看？

好主意，只要准备好十二生肖的图片，用生肖的编号更改显示，就可以完成改造啦。如果从零开始编写应用程序，难度会大一些，可以在已有的应用程序基础上修改。

我应该可以简单地修改应用程序。

第4章

编写时钟应用程序

这次我们编写什么呢？
时钟应用程序。

一定很好用！

对。还能学到
时间计算方法和
处理的基础知识。

哦，好像
又赚到了……
01:02
12:34
可以编写像
厨房计时器一样的
应用程序哦。

哦，可以用来
做点心了。
那就加油吧！

好的！

引 言

时钟应用程序

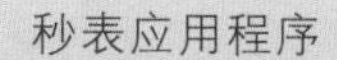

秒表应用程序

课程表应用程序

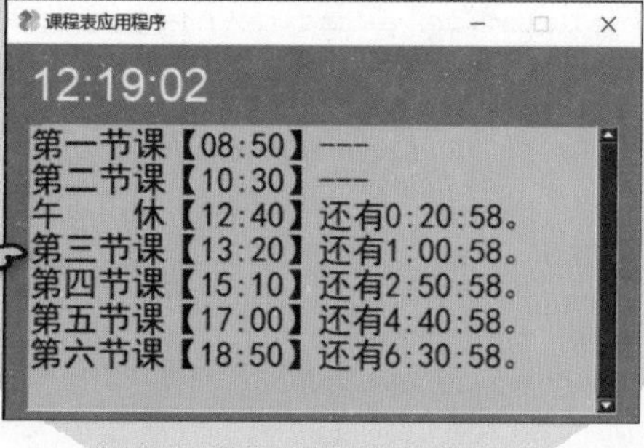

第13课

测量时间

本节课学习查看当前时刻的方法和计算时间的方法。

接下来要编写时钟应用程序了。在编写涉及时间的应用程序前，我先来介绍一下查看当前时刻的方法和计算时间的方法。

好的！谢谢博士！

查看当前时刻

Python 标准库包括处理时间的 datetime 库。使用它提供的 now() 命令就可以获取当前时刻（年月日时分秒）。

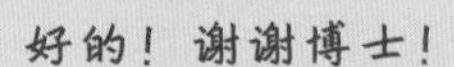

格式：获取当前时刻

```
now = datetime.datetime.now()
```

查看当前时刻这么简单呀。

从 now() 获取的当前时刻数据中分别提取时、分、秒就得到时钟了。我们可以用 now.hour、now.minute、now.second 分别提取，但使用 f 字符串更加方便。

f 字符串！这里也能用上啊。

比如，假设变量 now 代入的时间是 10 时 20 分 30 秒。用 f 字符串写作 f"{now:%H 时 %M 分 %S 秒 }"，就可以转换为字符串“10 时 20 分 30 秒”了。

%H、%M 和 %S 分别代表时、分和秒。

说得没错。所以，写作 f"{now:%H:%M:%S}"，就可以转换为字符串“10:20:30”。另外还有提取年月日的写法哦。

f 字符串（时刻表示）

内容	表示
%Y	年（公元）
%m	月
%d	日
%A	星期（英文）
%a	星期（英文缩写）
%p	上午 / 下午（AM/PM）
%I	时（12 小时格式）
%H	时（24 小时格式）
%M	分
%S	秒

我们来编写一段用以上方法展示当前日期和时刻的代码。

test401.py

```
import datetime

now = datetime.datetime.now()
print(f"{now:%H 时 %M 分 %S 秒 }")
print(f"{now:%H:%M:%S}")
print(f"{now:%p %I:%M:%S}")
print(f"{now:%Y/%m/%d(%a)}")
```

输出结果

```
14时06分56秒
14:06:56
PM 02:06:56
2023/10/09(Mon)
```

※ 输出结果随着代码执行的日期和时刻而变化。

好有趣。好像能编写很多种时钟应用程序。

时间的减法

接下来就是时间的计算了。给时间做减法，可以得到经过的时间，以及距离目标时刻的剩余时间。

什么意思呢？

首先是经过的时间，可以用于秒表。按下开始按钮和按下停止按钮之间的时间就是“停止时间 - 开始时间”。

原来如此，这就是减法。

我们用这个原理编写一个简单的秒表吧。执行代码时开始，按下回车键终止。

test402.py

```python
import datetime

start = datetime.datetime.now()
input("请按下回车键")
now = datetime.datetime.now()
td = now - start
print(td)
```

输出结果

```
请按下回车键
0:00.05.257198
```

input语句能够暂停程序的执行，所以可以用作简单的秒表。

原来如此。

时间的减法运算还可以求出距离目标时刻的剩余时间。

剩余时间？比如，我今晚要看一场直播，可以知道直播前还有多少时间吗？

用“目标直播开始时刻－当前时刻”，就得到剩余时间了。

怎么提供目标时刻呢？

使用 now() 命令可以得到当前时刻。只要更改时分秒，就可以获得今天的目标时刻了。使用 replace() 命令来更改。

格式：更改 datetime 的时分秒

<更改后> = <原时刻>.replace(hour=<时>, minute=<分>, second=<秒>)

下面来编写一段计算今天 20 时 30 分之前的剩余时间的代码。

第13课

test403.py

```
import datetime

now = datetime.datetime.now()
print(f"当前 = {now:%m/%d %H:%M:%S}")
goal = now.replace(hour=20, minute=30, second=0)
print(f"目标 = {goal:%m/%d %H:%M:%S}")
td = goal - now
print(td)
```

输出结果

```
当前 = 10/09 18:27:32
目标 = 10/09 20:30:00
2:02:08
```

※ 输出结果随着代码执行的时刻而变化。

哇，真的算出还有大约 2 小时了。

利用列表，还能查看距离多个目标时刻的剩余时间，如学校的课程表和公交车的时刻表等。

这个好！

我们试着写一段查看距离两个目标时刻的剩余时间的代码吧。既然是测试版，索性直接把当前时刻的小时数设为 10 吧。使用 replace(hour=10) 这段代码。

也就是说，假设现在是 10 时许，分别查询到“8:30 的第 1 节课”和“12:35 的午休”之间的剩余时间。

test404.py

```
import datetime

sch = [["第1节课", 8, 30],["午休", 12, 35]]
now = datetime.datetime.now()
now = now.replace(hour=10)
print(f"当前 = {now:%H:%M:%S}")
for s in sch:
    dt = now.replace(hour=s[1], minute=s[2], second=0) - now
    print(f"{s} = 还有{dt}")
```

输出结果

```
当前 = 10:20:02
['第1节课', 8, 30] = 还有-1 day, 22:09:58
['午休', 12, 35] = 还有2:14:58
```


距离午休还有2:14:58呢。可是，距离第1节课的时间“还有-1day”。

已经过去的时间就表示成负数。利用这个特点，看到时间是负数，就知道时间已经过了哦。

编写持续运行的应用程序

编写时钟应用程序还需要持续运行机制。

那是什么？

我们前面编写的应用程序用到了 window.read()，按下按钮后程序就会暂停。如果这样编写时钟程序，看时刻就要连续点击按钮。

虽然挺好玩，但太不好用了。

这时应该指定 window.read(timeout=500)，它的意思是每隔 0.5 秒程序不暂停，继续运行。也就是以 0.5 秒为间隔持续运行。

格式：按固定时间间隔执行 window.read()

```
e, v = <窗口变量>.read(timeout="<毫秒>")
```

再加入一个小的机制吧。我们希望能始终看到时钟，可以设定“始终显示在最上层”。这样时钟就不会被其他应用程序挡住啦。

格式：令 window 始终显示在最上层

```
<窗口变量> = sg.Window("<标题>", keep_on_top=True)
```

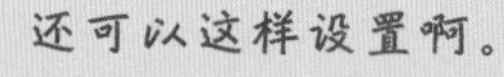

还可以这样设置啊。

作为时钟的测试，我们来编写一段每隔 0.5 秒刷新一次的应用程序吧。

test405.py

```
import PySimpleGUI as sg
import datetime

layout = [[sg.T(font=("Arial",40), k="txt",
           size=(20,1), justification="center")]]
win = sg.Window(" 时钟测试 ", layout, size=(320, 80), keep_on_top=True)
c = 0
while True:
    e, v = win.read(timeout=500)
    c = c + 1
    win["txt"].update(f"{c}")
    if e == None:
        break
win.close()
```

哇，数字在不断变化。

时钟应用程序

一起来编写以“时 : 分 : 秒”“AM/PM 时 : 分 : 秒”和“年 / 月 / 日（星期）AM/PM 时 : 分 : 秒”格式显示的时钟应用程序吧。

久等啦，我们开始编写时钟应用程序吧。

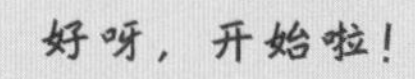

成品效果图

时钟

18:21:48

很实用的时钟呢。

时钟应用程序布局

```
AM 00:00:00 key="txt1"
```

时钟应用程序的文本需要清晰地显示出来。因此，将字体设为 **font=("Arial",40)**，同时设宽度为 **size=(20,1)**，**justification="center"**，让时刻显示在画面中心。

以上布局用 **layout** 列表编写为以下代码。

```
layout = [[sg.T("AM 00:00:00", font=("Arial",40), k="txt1",
          size=(20,1), justification="center")]]
```

编写时钟应用程序

编写显示当前时刻的 **execute()** 函数。获取当前时刻后，用 **f"{now:%H:%M:%S}"** 以“时 : 分 : 秒”的形式显示时刻。

```
def execute():
    now = datetime.datetime.now()
    win["txt1"].update(f"{now:%H:%M:%S}")
```


接下来每隔 0.5 秒调用一次表示当前时刻的 **execute()** 函数，就完成了时钟应用程序的编写。

clock1.py

```
import PySimpleGUI as sg
import datetime
sg.theme("DarkBrown3")

layout = [[sg.T("AM 00:00:00", font=("Arial",40), k="txt1",
          size=(20,1), justification="center")]]
win = sg.Window("时钟", layout, size=(400, 80), keep_on_top=True)

def execute():
    now = datetime.datetime.now()
    win["txt1"].update(f"{now:%H:%M:%S}")

while True:
```

```
    e, v = win.read(timeout=500)
    execute()
    if e == None:
        break
win.close()
```

输出结果

时钟

18:21:48

太好啦，时钟动起来了！

将上面的字符串改为 f"{now:%p %I:%M:%S}"，时钟显示就不一样了。

【代码修改部分】clock2.py

```
def execute():
    now = datetime.datetime.now()
    win["txt1"].update(f"{now:%p %I:%M:%S}")
```

输出结果

时钟

PM 06:21:49

现在时钟能显示 AM 或者 PM 了。

进一步添加表示日期的文本（txt2）。我们还想显示“年月日（星期）”，所以 f 字符串改为 f"{now:%Y/%m/%d (%a)}"。

```
0000/00/00 (---) key="txt2"

AM 00:00:00 key="txt1"
```

【代码修改部分】clock3.py

```
layout = [[sg.T("0000/00/00 (---)", font=("Arial",40), k="txt2",
            size=(20,1), justification="center")],
           [sg.T("AM 00:00:00", font=("Arial",40), k="txt1",
            size=(20,1), justification="center")]]
win = sg.Window("时钟", layout, size=(480,150), keep_on_top=True)

def execute():
    now = datetime.datetime.now()
    win["txt2"].update(f"{now:%Y/%m/%d (%a)}")
    win["txt1"].update(f"{now:%p %I:%M:%S}")
```

输出结果

时钟

2023/10/09 (Mon)
PM 06:22:36

好高兴呀！我总是记不住星期几，这下帮大忙了。

第15课

秒表应用程序

一起来编写秒表应用程序吧。

接下来编写秒表应用程序吧。

秒表应用程序啊，好像很难……

没关系，先来分析秒表的原理。

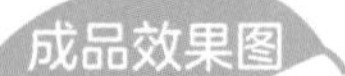

秒表

0:00:07.416513

START/STOP

秒表应用程序设计

秒表通过“停止时刻－开始时刻”来计算时间。但只有这个公式还无法编写出秒表应用程序。想一想，秒表是怎么工作的呢？

嗯……一开始秒表是停止的，按下开始按钮，然后开始计时，按下停止按钮秒表停止计时。也就是说，按下停止按钮之前，秒表一直显示时间在增加。

总结一下你刚才说的话，里面有三个机制。

三个？

是的。①秒表包含停止状态和计时状态。②从按下开始按钮开始计时。③计时状态会持续显示时间。

原来如此。

把双叶同学刚刚说的这三个机制编写出来，就可以呈现秒表的工作了。

竟然是这样！都是我的功劳呀。

秒表有三个工作机制：包含停止状态和计时状态、从按下开始按钮开始计时、计时状态会持续显示时间。

先来看看停止状态和计时状态的切换。我们用一个标志表示状态，即“flag”。

标志？

Python 设有为我们提供这种标志功能，需要自行定义变量去实现。比如，我们准备了变量 startflag。我们设该变量为 True 表示计时状态，为 False 表示停止状态。

我们自己设置?

对。在执行过程中始终以startflag作为标志来查看应用程序的状态。如果是True，表示计时状态，用if语句判断就可以通过标志切换应用程序的状态。

例：如果startflag是True，则进行计时状态的处理

```
def execute():
    if startflag == True:
        <计时状态的处理>
```

原来如此。

这种表示状态的标志就像旗子（flag）。True相当于举起旗子的状态，False相当于放下旗子的状态。

举起旗子发出命令“启动！”放下旗子发出命令“停止！”

而且它是由按钮控制切换的。按下按钮时，True和False互相切换。如果startflag是True，则改为False；如果是False，则改为True。这样就可以用一个按钮交替控制状态。

原来是这样啊。

```
if startflag == True:
    startflag = False
else:
    startflag = True
```

然后是②从按下开始按钮开始计时的机制。按下按钮的时间就是开始时刻。将这一时刻保存为“开始时刻”。切换为 startflag = True 的时刻用一个叫作 start 的变量保存。

```
if startflag == True:
    startflag = False
else:
    start = datetime.datetime.now()
    startflag = True
```

接着是③持续显示时间的机制。只要始终显示从开始到现在经过的时间即可。也就是说，startflag == True 时显示当前时刻－开始时刻，就可以始终显示经过的时间了。

```
if startflag == True:
    now = datetime.datetime.now()
    td = now - start
    print(td)
```

有了以上三点，就可以编写秒表的工作状态了。

呼……好烧脑啊。

秒表应用程序布局

需要的控件是“显示时间的文本”（**txt**）和“开始/停止按钮”（**btn**）。按钮放在中间更方便使用，所以在两边加上 **sg.Push()**。两个 **sg.Push()** 会占据按钮两边的控件，使按钮居中对齐。

以上布局用 **layout** 列表编写为以下代码。

```
layout = [[sg.T("0:00:00.000000", font=("Arial",40), k="txt",
            size=(15,1), justification="center")],
           [sg.Push(), sg.B("START/STOP", k="btn"), sg.Push()]]
```

编写秒表应用程序

用我们分析的原理来完成秒表应用程序的编写。秒表显示的时间变化很快，所以需要设置“0.05 秒后更新显示”，写作 **e, v=win.read(timeout=50)**。

stopwatch.py

```
import PySimpleGUI as sg
import datetime
sg.theme("DarkBrown3")

layout = [[sg.T("0:00:00.000000", font=("Arial",40), k="txt",
            size=(15,1), justification="center")],
           [sg.Push(), sg.B("START/STOP", k="btn"), sg.Push()]]
win = sg.Window("秒表", layout, font=(None, 14), size=(400,120),
    keep_on_top=True)
```

```
def execute():
    if startflag == True:
        now = datetime.datetime.now()
        td = now - start
        win["txt"].update(td)

def startstop():
    global start, startflag
    if startflag == True:
        startflag = False
    else:
        start = datetime.datetime.now()
        startflag = True

startflag = False
while True:
    e, v = win.read(timeout=50)
    execute()
    if e == "btn":
        startstop()
    if e == None:
        break
win.close()
```

输出结果

秒表

0:00:07.416513

START/STOP

按下按钮，秒表应用程序开始计时，再按一次按钮，计时就会停止！有点复杂，但终于做好啦！

第16课

课程表应用程序

一起来编写上课倒计时的课程表应用程序吧。

我们来编写上课倒计时的课程表应用程序。

我想做午休倒计时的应用程序。

成品效果图

```
课程表应用程序
12:19:02
第一节课【08:50】---
第二节课【10:30】---
午　　休【12:40】还有0:20:58。
第三节课【13:20】还有1:00:58。
第四节课【15:10】还有2:50:58。
第五节课【17:00】还有4:40:58。
第六节课【18:50】还有6:30:58。
```

课程表应用程序设计

求多个目标的剩余时间，可以使用我们编写过的test404.py代码。

可是当时还显示了“-1day”。

是的。所以，我们只显示正的剩余时间就可以了。

过去的时间就不用显示了。

我们要显示多个剩余时间，应该使用显示多行文本的Multiline控件。使用“\n”对“剩余时间”信息换行，组成一个完整的字符串，再用Multiline控件显示。代码如下。

```
txt2 = ""
for s in sch:
    dt = now.replace(hour=s[1], minute=s[2], second=0) - now
    if dt.total_seconds() > 0:
        txt2 += f"{s[0]}【{s[1]:02d}:{s[2]:02d}】还有{dt}。\n"
    else:
        txt2 += f"{s[0]}【{s[1]:02d}:{s[2]:02d}】---\n"
win["txt2"].update(txt2)
```

课程表应用程序布局

需要的控件包括“当前时刻文本”（**txt1**）和“课程表多行文本”（**txt2**）。为了便于查看，我们把字体放大一点。

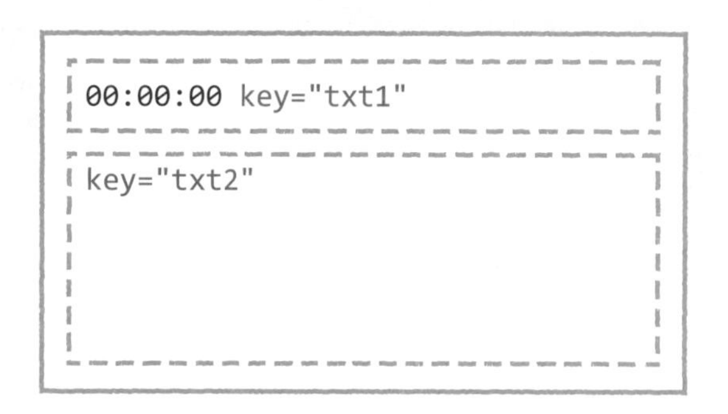

以上布局用 **layout** 列表编写为以下代码。

```
layout = [[sg.T("00:00:00", font=("Arial",24), k="txt1")],
          [sg.ML(font=("Arial",18), size=(40,12), k="txt2")]]
```

编写课程表应用程序

接下来，用之前分析的原理完成课程表应用程序的编写。

timetable.py

```
import PySimpleGUI as sg
import datetime
sg.theme("DarkBrown3")

layout = [[sg.T("00:00:00", font=("Arial",24), k="txt1")],
          [sg.ML(font=("Arial",18), size=(40,12), k="txt2")]]
win = sg.Window("课程表应用程序", layout, font=(None, 14),
    size=(450,260), keep_on_top=True)
```

```
sch = [["第一节课",8,50],
       ["第二节课",10,30],
       ["午    休",12,40],
       ["第三节课",13,20],
       ["第四节课",15,10],
       ["第五节课",17,00],
       ["第六节课",18,50]]

def execute():
    now = datetime.datetime.now()
    #now = now.replace(hour=10)
    win["txt1"].update(f"{now:%H:%M:%S}")
    txt2 = ""
    for s in sch:
        dt = now.replace(hour=s[1], minute=s[2], second=0) - now
        if dt.total_seconds() > 0:
            txt2 += f"{s[0]}【{s[1]:02d}:{s[2]:02d}】还有 {dt}。\n"
        else:
            txt2 += f"{s[0]}【{s[1]:02d}:{s[2]:02d}】---\n"
    win["txt2"].update(txt2)

while True:
    e, v = win.read(timeout=500)
    if e == None:
        break
    execute()
win.close()
```

输出结果

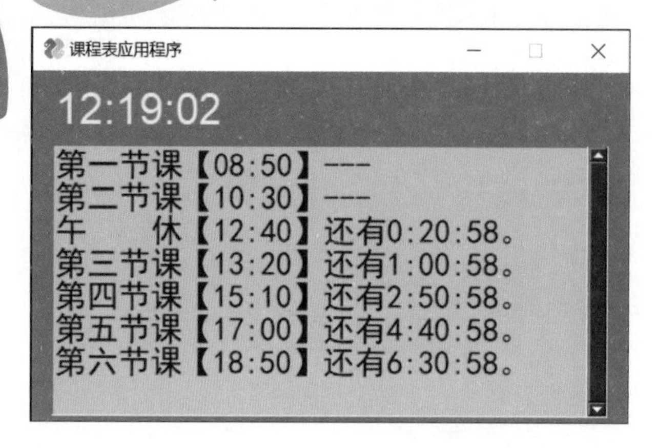

做好啦！还有10分钟午休！肚子都饿了……

这个应用程序在18:50之后执行就不会显示剩余时间了。想要测试工作状态，就去掉注释语句“#now = now.replace(hour=10)”开头的“#”。这样就能以当前时间为10时来测试了。

第5章

编写文件操作应用程序

博士！我们能编写一些编辑文字和图像的应用程序吗？
哦！你有什么好主意？

嗯，有的应用程序可以编辑文字和图像，对吧？
没错。

我也想编写那样的应用程序。
TEXT

其实它们很简单。

博士！求您了！

好吧好吧，那我们来看一看。
是！

引言

来编写能够
读写文件和处理图像的
应用程序吧！

文本编辑器应用程序

读取文本文件

打开文件 C:/Users/Louis/Desktop/sample/output.txt

保存文件

保存测试文本数据。
可以在读取的文件中追加或修改文本。

可以输入和
编辑文本。

图像显示应用程序

可以显示图像。

图像编辑应用程序

转换为马赛克图像

打开文件 C:/Users/Louis/Desktop/sample/lionf

保存文件

可以处理图像

二维码生成器应用程序

可以
生成二维码。

第17课

文本读取应用程序

安装便于操作文件的程序库，学习文本文件的读取方法。

要编写文件操作应用程序啦。读取文本文件和图像文件，编辑并保存它们。

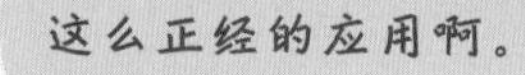

所以，需要先安装几个外部库。

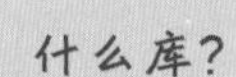

查询文本文件编码的“chardet”，处理图像的“Pillow(PIL)”，生成二维码的“qrcode”等。

什么？还有生成二维码的库？真有意思。

方便文件操作的外部库

名称	内容
chardet	查询文本文件的编码
Pillow(PIL)	图像处理
qrcode	生成二维码

本书为了方便编写操作文本文件和图像文件的应用程序，使用了一些外部库。chardet、Pillow(PIL) 和 qrcode 的安装步骤如下。

安装库（Windows 系统）

Windows 系统通过命令提示符安装程序库。输入以下命令来安装。

```
py -m pip install chardet
py -m pip install Pillow
py -m pip install qrcode
```

```
命令提示符
Microsoft Windows [版本 10.0.19045.3516]
(c) Microsoft Corporation。保留所有权利。

C:\Users\Louis>py -m pip install chardet
```

```
C:\Users\Louis>py -m pip install Pillow
```

```
C:\Users\Louis>py -m pip install qrcode
```

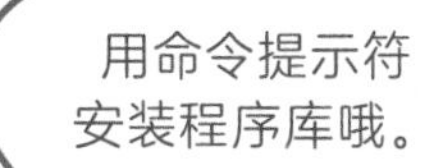

安装库（macOS 系统）

macOS 系统通过终端安装程序库。输入以下命令来安装。

```
python3 -m pip install chardet
python3 -m pip install Pillow
python3 -m pip install qrcode
```

```
终端 — -tcsh — 80×24
[192:~] louis-mac% python3 -m pip install chardet
```

```
[192:~] louis-mac% python3 -m pip install Pillow
```

```
[192:~] louis-mac% python3 -m pip install qrcode
```

读取文本文件

先编写读取文本文件的代码，但在此之前要编写查看编码的代码。

我刚才就想问了，“编码”是什么？

编码是文本文件储存在计算机上的形式。像简体中文文本有两种主要的编码，一种是网络或程序中常用的UTF-8编码，另一种是旧版Windows系统默认的GB2312或GBK编码。其他文字可能还会用到别的编码，像日文的Shift JIS、繁体中文的Big5等。如果编码方式不一致，会出现乱码，无法读取。

好麻烦啊，我根本不知道自己使用的是哪一种，该怎么办？

使用文本编辑器可以查看或修改编码类型。接下来我们借助chardet软件库让Python自动识别编码。

让Python帮我们查看呀。

如果直接读取不同编码的文本文件会出现错误，所以要先以二进制数据的形式读取。

格式：将文本文件作为二进制数据读取

```
with open(<文件名>, "rb") as f:
    <二进制数据> = f.read()
```

格式：查看编码类型

```
import chardet
<编码类型名> = chardet.detect(<二进制数据>)["encoding"]
```

下面执行的代码分别用到以 UTF-8 编码的文本文件“utest.txt”和以 GB2312 编码的文本文件“gtest.txt”。用户可事先用文本编辑器编写并保存这两个文件，也可以下载本书附件，其中包含这两个文件。

以 UTF-8 编码的文本文件：utest.txt

```
这是以 UTF-8 编码的文本文件。
```

以 GB2312 编码的文本文件：gtest.txt

```
这是以 GB2312（GBK）编码的文本文件。
```

执行以下代码可以查看“utest.txt”和“gtest.txt”的文本编码类型。

test501.py

```
import chardet

def loadtext(filename):
    with open(filename, "rb") as f:
        b = f.read()
        enc = chardet.detect(b)["encoding"]
        print(f"{filename} 的编码是 {enc}")
loadtext("utest.txt")
loadtext("gtest.txt")
```

输出结果

```
utest.txt 的编码是 utf-8
gtest.txt 的编码是 GB2312
```

分别显示不同的编码名称了。真的自动识别了呀。

获得编码类型后就不会出现乱码了。使用pathlib标准库的Path可以简单地读取文本文件。修改前面的代码，显示读取的文本文件吧。

格式：读取文本文件

```
from pathlib import Path
p = Path(<文件名>)
<读取的文本> = p.read_text(encoding=<编码类型名>)
```

test502.py

```
from pathlib import Path
import chardet

def loadtext(filename):
    with open(filename, "rb") as f:
        b = f.read()
        enc = chardet.detect(b)["encoding"]
        p = Path(filename)
        txt = p.read_text(encoding = enc)
        print(f"{filename} : {txt}")
loadtext("utest.txt")
loadtext("gtest.txt")
```

输出结果

```
utest.txt : 这是以UTF-8编码的文本文件。
gtest.txt : 这是以GB2312（GBK）编码的文本文件。
```

成功啦！都显示出来了，没有乱码。

保存文本文件

保存文本文件，同样使用 pathlib 标准库的 Path。我们来编写一个程序，把文件保存到“output.txt”。

格式：保存文本文件

```
from pathlib import Path
p = Path(<文件名>)
p.write_text(<文本数据>, encoding = <编码类型名>)
```

test503.py

```
from pathlib import Path

def savetext(filename):
    p = Path(filename)
    txt = "保存测试文本数据。"
    p.write_text(txt, encoding="UTF-8")

savetext("output.txt")
```

输出结果

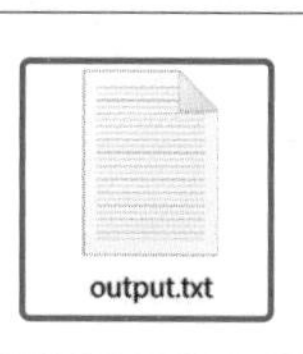

博士！“test503.py”文件所在的文件夹中出现了“output.txt”！

文件会保存在执行代码所在的文件夹中。

显示文件对话框

我们学会文本数据的读取和保存了，但对于编写应用程序来说还不够。

还缺少什么？

应用程序需要用户输入“打开哪个文件”和“保存为哪个文件名”。提供给用户操作的这些组件都要编写。

哇，好麻烦。

这些常见的组件都可以在PySimpleGUI中找到。使用sg.popup_get_file就可以显示文件选择对话框。用户选择文件，点击对话框中的“Ok”按钮，就可以得到该文件名了。

格式：显示文件选择对话框

```
<读取文件名> = sg.popup_get_file("说明文本")
```

test504.py

```
import PySimpleGUI as sg

loadname = sg.popup_get_file("请选择文本文件。")
print(loadname)
```

输出结果

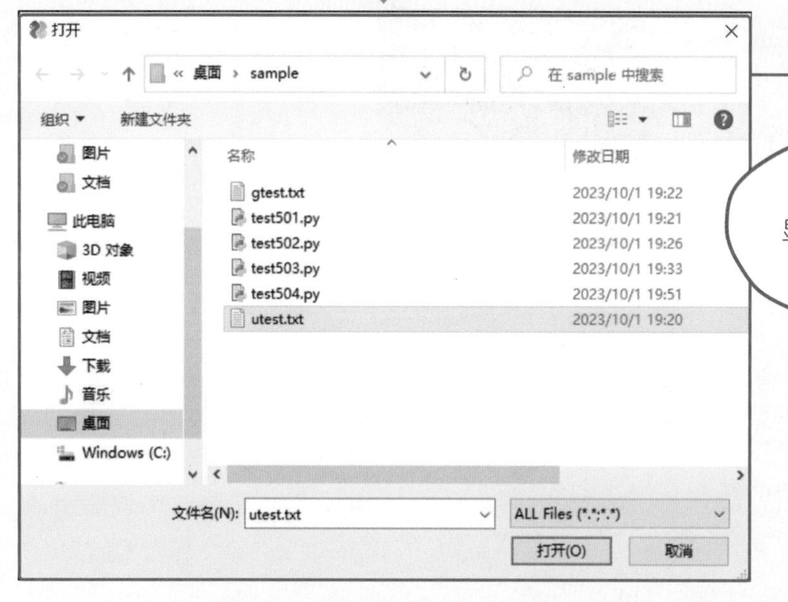

显示文件啦。

嗯，点击“Browse”按钮，在弹出的文件选择对话框中选择文件，再点击“Ok”按钮，包含路径的文件名就出现啦。

然后用程序读取这个文件就可以了。对话框中还有 save_as 选项，指定为 True 就可以编写文件保存对话框。还能指定默认文件名。

格式：显示文件保存对话框

```
<保存文件名> = sg.popup_get_file("说明文本",default_path =
    "<默认文件名>", save_as=True)
```

test505.py

```
import PySimpleGUI as sg

savename = sg.popup_get_file(" 请输入要保存的文件名。",
    default_path = "test.txt", save_as=True)
print(savename)
```

输出结果

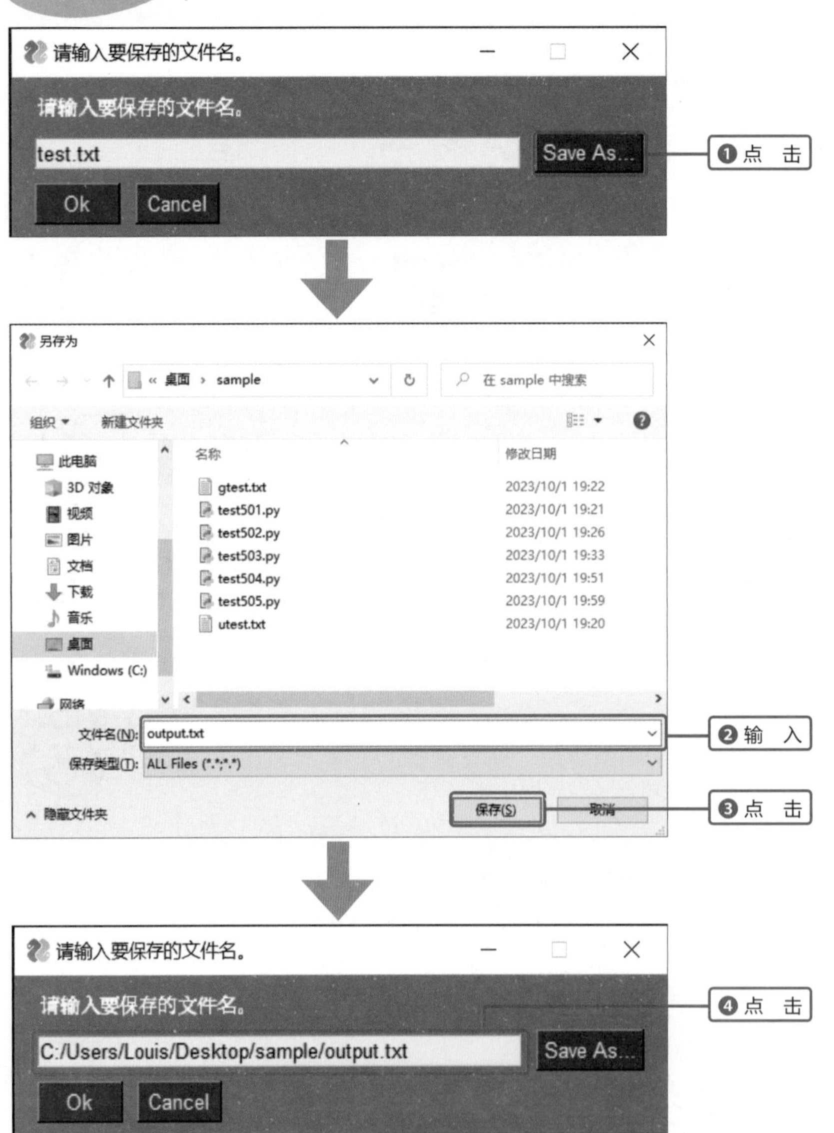

点击“Save As…”按钮，出现文件保存对话框。点击“Save”按钮，会保存吗？

现在只是显示文件保存对话框，还不能保存文件。

那就点击“Save”按钮，现在对话框出现输入的文件名了。

我们完成了“文本文件的读写”和“文件对话框的显示”。接下来可以用学会的知识来编写读取并显示文本文件的应用程序了。

文本读取应用程序布局

选择读取的文件，会显示输入的多行文本。因此，用“文件选择按钮”（**btn1**）、“文件名显示文本”（**txt1**）和“显示读取文本的多行文本框”（**txt2**）来编写程序。

打开文件 key="btn1"
key="txt1"
key="txt2"

为了让读取到的文本方便阅读，我们将字体略微放大，设定 **Multiline** 控件的字体为“**font=(None, 14)**”，尺寸为“**size=(80,15)**”。

以上布局用 **layout** 列表编写为以下代码。

```
layout = [[sg.B(" 打开文件 ", k="btn1"), sg.T(k="txt1")],
          [sg.ML(k="txt2", font=(None,14), size=(80,15))]]
```

编写文本读取应用程序

在应用程序中点击按钮 **btn1**，执行函数 **loadtext()**。这时显示文件选择对话框，让用户选择文本文件。

有时用户打开了文件选择对话框，但并不选择文件，而是直接关闭对话框。这时会因为未选择文件而发生错误，因此需要追加以下安全措施：如果没有文件名，则不执行任何命令并 **return**。

例：如果没有文件名，不执行任何命令并 return

```
loadname = sg.popup_get_file("请选择文本文件。")
if not loadname:
    return
```

然后，利用“test502.py”的原理就可以读取文本文件，用 **Multiline** 控件（**txt2**）显示。

loadtext.py

```
import PySimpleGUI as sg
from pathlib import Path
import chardet
sg.theme("DarkBrown3")

layout = [[sg.B("打开文件", k="btn1"), sg.T(k="txt1")],
          [sg.ML(k="txt2", font=(None,14), size=(80,15))]]
win = sg.Window("读取文本文件", layout)

def loadtext():
    global loadname, enc                     ……显示文件选择对话框
    loadname = sg.popup_get_file("请选择文本文件。")
    if not loadname:                         ……如果未选择文件则 return
        return
    with open(loadname, "rb") as f:          …… 将文本文件作为二进制文件读取
        b = f.read()
```

```
        enc = chardet.detect(b)["encoding"]···· 检查编码统一方式
        p = Path(loadname)                  ┐
        txt = p.read_text(encoding = enc)   ┘···· 导入文本文件
        win["txt1"].update(loadname)
        win["txt2"].update(txt)

while True:
    e, v = win.read()
    if e == "btn1":
        loadtext()
    if e == None:
        break
win.close()
```

输出结果

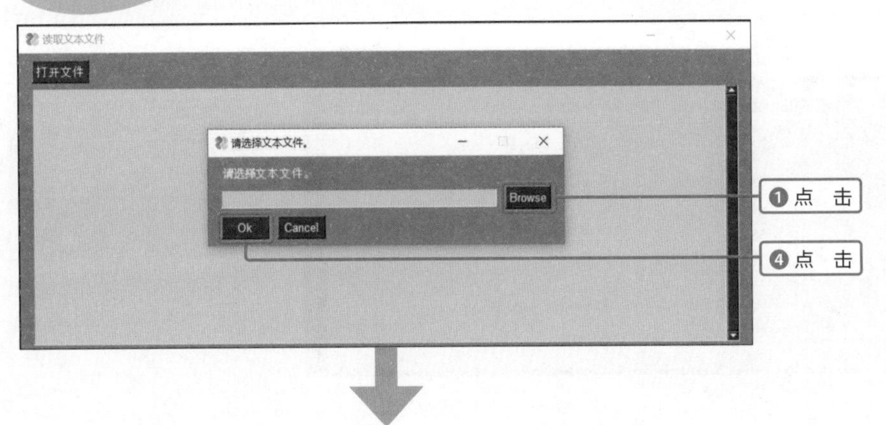

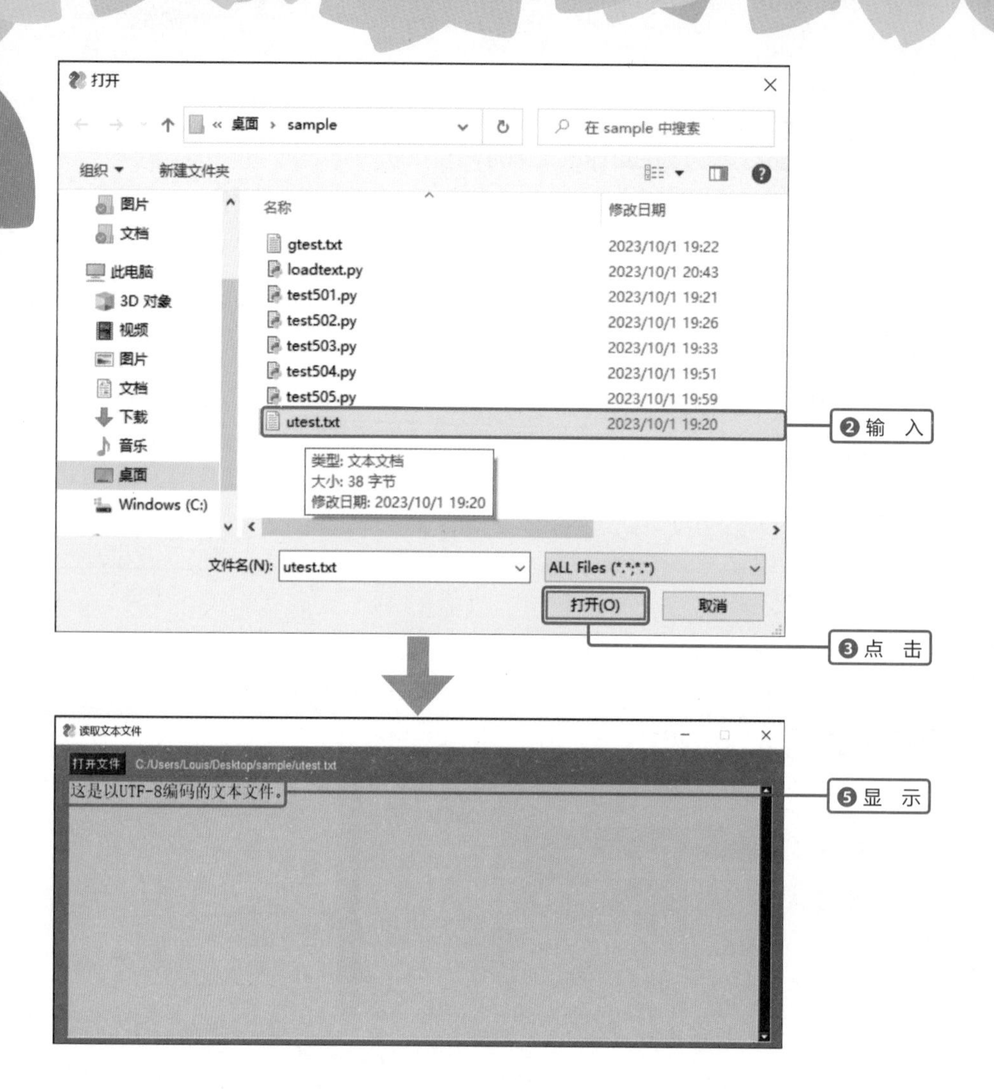

点击“打开文件”按钮，选择用于测试的“utest.txt”并读取吧。

成功了！文本显示在应用程序上了。

第18课

文本编辑器应用程序

编写能够读取、编辑、保存文本文件的文本编辑器应用程序吧。

要编写读取、编辑、保存文本文件的应用程序了。

要用到刚才学到的知识了。

成品效果图

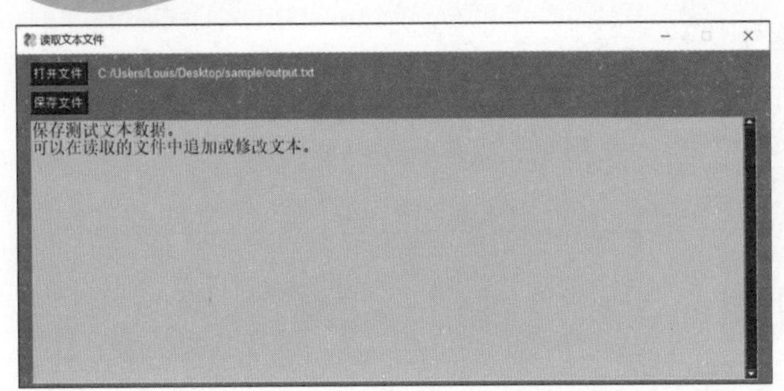

文本编辑器应用程序布局

博士，“编辑”到底怎么做？我还没试过呢。

读取的文本显示在Multiline控件中，这个Multiline控件显示的文本可以直接编辑。

原来如此，是在这里编辑啊。

如果能保存 Multiline 控件中的文本，也就完成文本编辑器应用程序了。

文本编辑器应用程序由“文件选择按钮”(**btn1**)、“文件名显示文本”(**txt1**)、“显示读取文本的多行文本框”（ **txt2** ）和“文件保存按钮”（ **btn2** ）组成。

打开文件　key="btn1"	key="txt1"
保存文件　key="btn2"	
key="txt2"	

以上布局用 **layout** 列表编写为以下代码。

```
layout = [[sg.B("打开文件", k="btn1"), sg.T(k="txt1")],
          [sg.B("保存文件", k="btn2")],
          [sg.ML(k="txt2", font=(None,14), size=(80,15))]]
```

 编写文本编辑器应用程序

按下应用程序的按钮 **btn1** 时，读取文件的部分与上文中使用的“loadtext.py”完全相同。在此基础上增加按钮 **btn2**，点击按钮 **btn2** 执行 **savetext()** 函数，保存文本文件。

savetext() 函数显示文件保存对话框。用 **sg.popup_get_file** 显示，**save_as** 选项为 **True**。

进一步，我们可以设 **default_path** 读取的文件名为 **loadname**。这样，直接点击对话框中的“Ok”按钮，就可以用读取的文件名保存，即“覆盖”。如果用户想要保存为新文件名，也可以选择“另存为”。

loadname 是用其他函数定义的变量，无法直接看到内容，因此需要声明为 **global**，改为整个代码可用的全局变量，这样就可以使用其他函数的变量值了。编码类型名的 **enc** 变量同样设为 **global**（实际上 **loadtext()** 函数里已经设为 **global**）。

例：将读取的文件名作为默认文件名，打开文件保存对话框

```
def savetext():
    global loadname, enc
    savename = sg.popup_get_file("请输入要保存的文件名",
        default_path = loadname, save_as=True)
```

同样，用户也有可能打开文件保存对话框后取消。因此，需要追加“如果没有文件名，则 return”的安全措施。

但是，如果保存时未执行任何命令就 **return**，可能会出现由于没有提示，用户以为保存，而实际未保存的情况。因此，我们要编写一个“短时间内消失的小提示”。

格式：短时间内消失的提示

```
sg.PopupTimed("<提示文本>")
```

例：如果没有文件名，则出现小提示并 return

```
if not savename:
    sg.PopupTimed("请输入文件名。")
    return
```

进一步检查是否在文件保存对话框的文件名中输入扩展名。如果保存文件时没写扩展名，应用程序有可能无法正常读取文件。

普通文本文件的扩展名为“.txt”，因此，要检查是否含有“.txt”。而文本类型的文件除“.txt”以外还有很多种。“.csv”和“.xml”等数据文件，“.html”和“.css”等网络文件，“.py”“.js”和“.c”等程序文件等都是文本类型的文件。

我们借此机会为应用程序设置较为宽松的规则，以便日后对其他文件扩展名进行编辑。如果文件名中有“.”，则应该含有扩展名，于是我们设置的规则是“如果文件名中没有‘.’，则在文件名末尾追加‘.txt’”。

例：如果文件名中没有“.”，则在文件名末尾追加“.txt”

```
if savename.find(".") == -1:
    savename = savename + ".txt"
```

最后，用读取时的编码（**enc**）保存 **Multiline** 控件中输入的文本即可完成。

texteditor.py

```
import PySimpleGUI as sg
from pathlib import Path
import chardet
sg.theme("DarkBrown3")

layout = [[sg.B(" 打开文件 ", k="btn1"), sg.T(k="txt1")],
          [sg.B(" 保存文件 ", k="btn2")],
          [sg.ML(k="txt2", font=(None,14), size=(80,15))]]
win = sg.Window(" 保存文本文件 ", layout, resizable = True)

loadname = None
enc = "UTF-8"
def loadtext():
    global loadname, enc
    loadname = sg.popup_get_file(" 请选择文本文件。")
    if not loadname:
        return
    with open(loadname, "rb") as f:
        b = f.read()
        enc = chardet.detect(b)["encoding"]
```

```
        p = Path(loadname)
        txt = p.read_text(encoding = enc)
        win["txt1"].update(loadname)
        win["txt2"].update(txt)

def savetext():
    global loadname, enc
    savename = sg.popup_get_file("请输入要保存的文件名",
        default_path = loadname, save_as=True)   …打开文件保存对话框
    if not savename:
        sg.PopupTimed("请输入文件名。")          …若无文件名则发出警告
        return
    if savename.find(".") == -1:
        savename = savename + ".txt"            …若无扩展名则追加“.txt”
    p = Path(savename)
    p.write_text(v["txt2"], encoding=enc)
    win["txt1"].update(savename)
    loadname = savename

while True:
    e, v = win.read()
    if e == "btn1":
        loadtext()
    if e == "btn2":
        savetext()
    if e == None:
        break
win.close()
```

输出结果

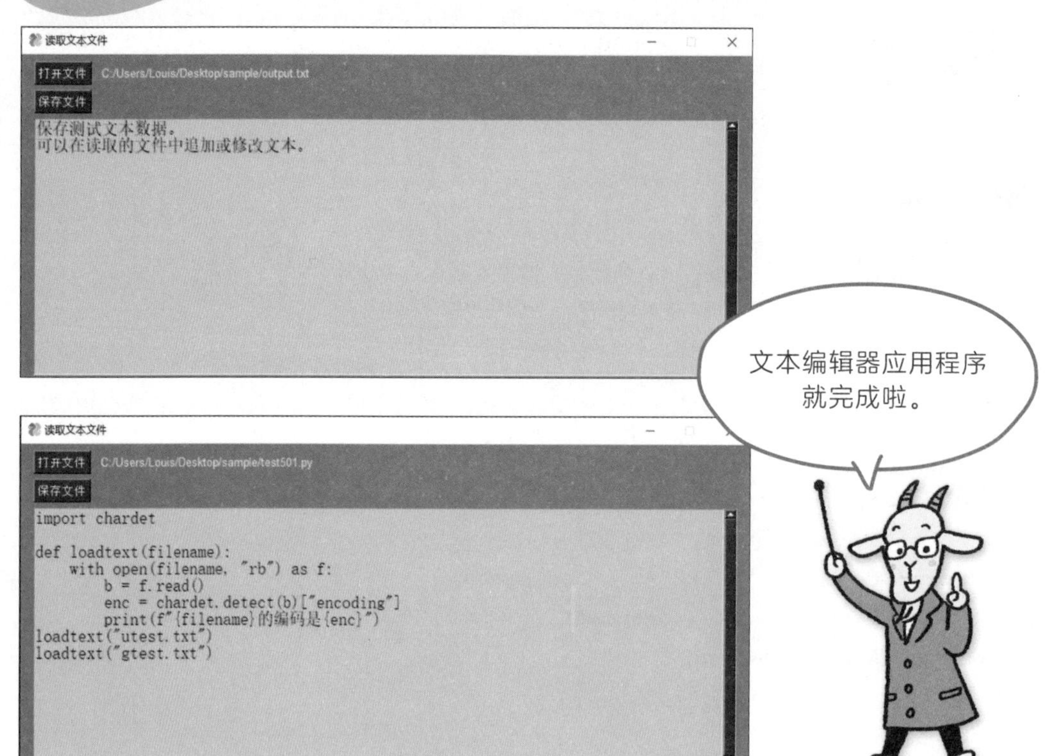

点击“打开文件”，读取“test503.py”中保存的“output.txt”文件并编辑，再保存。

太好啦！文本编辑器做好了！这样也可以读取 Python 的程序文件了吧。

没错，可以读取并编辑“test501.py”文件。

用 Python 编写的应用程序还可以编辑 Python 的代码，真神奇！

第19课 图像显示应用程序

一起来编写能读取并显示图像的图像显示应用程序吧。

来编写图像显示应用程序吧。

图像一定很好玩。

它的核心也是选择并读取文件，所以基本上和文本编辑器应用程序一样。只不过图像文件的处理略有不同。我们首先还是来分析布局。

成品效果图

图像显示应用程序布局

编写图像显示应用程序需要的控件包括“文件选择按钮”（**btn1**）、“文件名显示文本”（**txt**）和“图像显示”（**img**）。

打开文件 key="btn1"	key="txt"
key="img"	

以上布局用 **layout** 列表编写为以下代码。

```
layout = [[sg.B("打开文件", k="btn1"), sg.T(k="txt")],
          [sg.Im(k="img")]]
```

编写图像显示应用程序

先分析在应用程序上显示图像的原理。注意：图像有大有小，有时可能比应用程序还大。

太大了怎么办呢？

图像尺寸超出应用程序的尺寸时，需要将图像缩小到应用程序的尺寸以内。此时使用 **thumbnail()** 函数就很方便。它在缩小图像的同时还能保持图像的长宽比例。

太方便了。

格式：保持图像长宽比例，缩小至指定尺寸以内

```
<图像数据>.thumbnali((<宽>, <高>))
```

我们来读取图像文件，并把它缩小到 300×300（像素）以内。

例：读取文件名为 loadname 的图像，并缩小到 300×300（像素）以内

```
img = Image.open(loadname)
img.thumbnail((300,300))
```

接下来的内容稍微有点复杂。应用程序中显示的图像以“二进制”数据表示，不像处理文本数据那么简单。

那怎么办？

使用 io.BytesIO() 命令，它创建了为二进制数据使用的容器，把图像数据保存（save）在容器里，再显示它的值。代码如下。

例：利用 io.BytesIO() 在应用程序中显示 img 图像

```
import io

bio = io.BytesIO()
img.save(bio, format="PNG")
win["img"].update(data=bio.getvalue())
```

哎呀，有点麻烦呢。

与文本数据不同，显示和编辑图像的二进制数据会用到与计算机内存有关的命令。但话说回来，Python 只要这些代码就能实现，已经比较简单了。

还可以吧。

接下来，我们完成图像显示应用程序的编写。

loadimage.py

```
import PySimpleGUI as sg
from PIL import Image
import io
sg.theme("DarkBrown3")

layout = [[sg.B("打开文件", k="btn1"), sg.T(k="txt")],
          [sg.Im(k="img")]]
win = sg.Window("显示图像文件", layout, size=(320,380))

def loadimage():
    loadname = sg.popup_get_file("请选择图像文件。")
    if not loadname:
        return
    try:
        img = Image.open(loadname)
        img.thumbnail((300,300)) ···· 缩小到 300×300（像素）以内
        bio = io.BytesIO()
        img.save(bio, format="PNG")                   ┐
        win["img"].update(data=bio.getvalue())        ┘···· 将图像转换为二进制数据
        win["txt"].update(loadname)
    except:
        win["img"].update()
        win["txt"].update("打开失败。")
```

```
while True:
    e, v = win.read()
    if e == "btn1":
      loadimage()
    if e == None:
        break
win.close()
```

输出结果

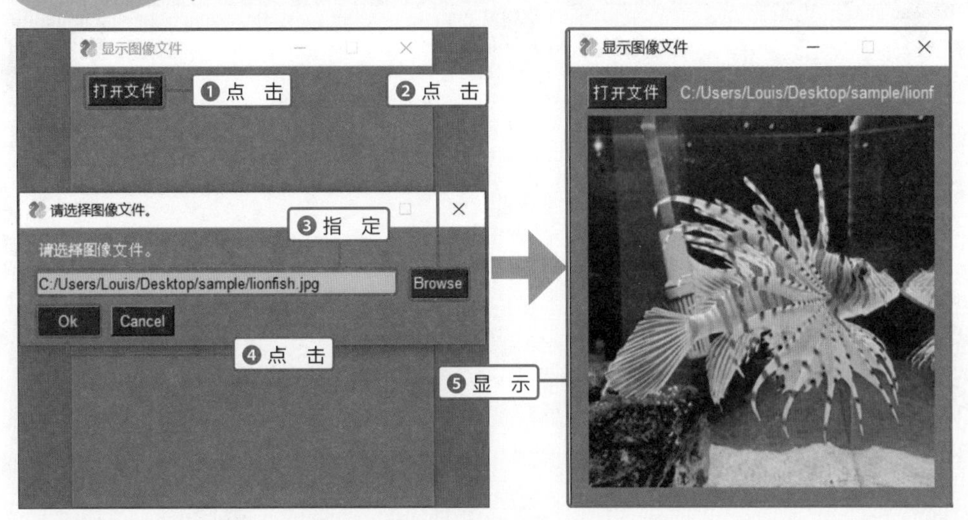

※ 如果打开的文件路径过长，应用程序可能无法显示完整路径。

点击“打开文件”按钮，选择并读取图像文件。可以读取PNG和JPG等格式的图像。

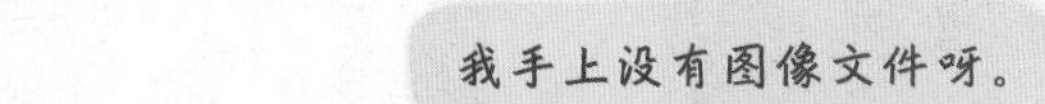

可以下载本书附件，其中包含名为“lionfish.jpg”的图像。

那我试试。哦，是狮子鱼！

第20课

图像编辑应用程序

一起来编写图像编辑应用程序。读取图像文件，编辑成黑白图像或马赛克图像。

我们来编写图像编辑应用程序。可以编写出生成黑白图像或马赛克图像的应用程序。

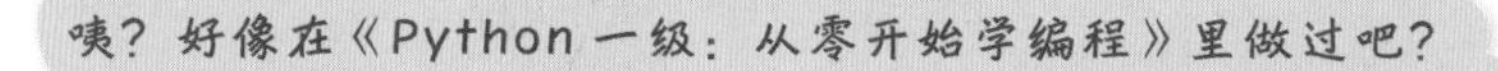

咦？好像在《Python一级：从零开始学编程》里做过吧？

你记得很清楚。那时候编写的是只能显示图像的简易版，现在我们加上保存文件的功能。还是先分析应用程序布局。

成品效果图

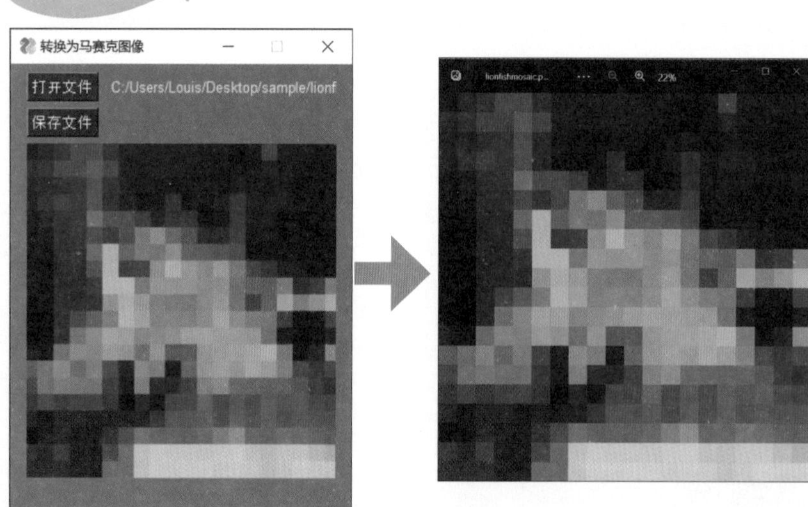

图像编辑应用程序布局

编写图像编辑应用程序需要用到的控件包括“文件选择按钮”（**btn1**）、“文件名显示文本”（**txt**）、“图像显示”（**img**）和“文件保存按钮”（**btn2**）。

以上布局用 **layout** 列表编写为以下代码。

```
layout = [[sg.B(" 打开文件 ", k="btn1"), sg.T(k="txt")],
          [sg.B(" 保存文件 ", k="btn2")],
          [sg.Im(k="img")]]
```

编写黑白图像编辑应用程序

完成黑白图像编辑应用程序的编写。

读取图像的 **loadimage()** 函数基本与“loadimage.py”中的相同，稍加修改就可以编辑成黑白图像。

对读取的图像使用 **.convert("L")** 命令，将图像黑白化。我们在读取图像之后直接进行黑白化。之后该图像可以用于 **saveimage()** 函数。注意在函数的开头写上 **global img**，变为全局变量。

例：读取名为 loadname 的图像文件并黑白化

```
img = Image.open(loadname).convert("L")
```

黑白化后的图像就是最后存入文件的图像。但是图像过大，直接在应用程序中显示会超出窗口范围。因此，我们复制一份图像专门用于显示，用 **thumbnail()** 命令缩小并显示该图像。

格式：复制图像

```
<新图像> = <要复制的原图像>.copy()
```

编辑后的图像用 **saveimage()** 函数保存。函数会查询是否有一开始保存的图像，如果没有则用 **return** 返回。

例：如果 img 内容为空，则 return

```
if img == None:
    return
```

接下来，用户在文件保存对话框中输入文件名。这时如果没有文件名，就会出现小提示；如果文件名最后不是“.png”，则追加“.png”。

格式：检索字符串最后是否为“检索字符串”

```
<字符串>.endswith("<检索字符串>")
```

例：如果文件名最后不是“.png”，则追加“.png”

```
if savename.endswith(".png") == False:
    savename = savename + ".png"
```

最后，我们准备好了图像数据（**img**）和文件名（**savename**），用 **save()** 命令保存。

格式：将图像数据保存为指定文件名的文件

```
<图像数据>.save("<文件名>")
```

利用以上内容，完成黑白图像编辑应用程序的编写。

monoimage.py

```
import PySimpleGUI as sg
from PIL import Image
import io
sg.theme("DarkBrown3")

layout = [[sg.B("打开文件", k="btn1"), sg.T(k="txt")],
          [sg.B("保存文件", k="btn2")],
          [sg.Im(k="img")]]
win = sg.Window("转换为黑白图像", layout, size=(320,400))

def loadimage():
    global img
    loadname = sg.popup_get_file("请选择图像文件。")
    if not loadname:
        return
    try:
        img = Image.open(loadname).convert("L") ···· 黑白化图像
        img2 = img.copy() ······························ 复制图像
        img2.thumbnail((300,300))
        bio = io.BytesIO()
        img2.save(bio, format="PNG")
        win["img"].update(data=bio.getvalue())
        win["txt"].update(loadname)
    except:
        win["img"].update()
        win["txt"].update("打开失败。")
```

```
img = None
def saveimage():
    if img == None:                ···· 如果未指定图像，则 return
        return
    savename = sg.popup_get_file("请输入要保存的png图像文件名",
        save_as=True)
    if not savename:
        sg.PopupTimed("请输入png图像文件名。")
        return
    if savename.endswith(".png") == False:    ···· 如果文件名最后不是".png"，
        savename = savename + ".png"               则追加".png"
    try:
        img.save(savename) ···· 将图像保存到指定文件名的文件中
        win["txt"].update(f"已保存到{savename}。")
    except:
        win["txt"].update("保存失败。")

while True:
    e, v = win.read()
    if e == "btn1":
        loadimage()
    if e == "btn2":
        saveimage()
    if e == None:
        break
win.close()
```

输出结果

首先，点击“打开文件”按钮，读取图像文件。

现在狮子鱼变成黑白的了。

然后，点击“保存文件”就可以保存黑白化的图像了。

编写马赛克图像编辑应用程序

将上述“黑白化”处理修改为“马赛克化”处理，就可以编写马赛克图像编辑应用程序了。

稍加修改就可以了呀。

与上面编写的“monoimage.py”的布局和保存处理部分完全相同，只需稍加修改。从修改应用程序的标题开始。

【代码修改部分1】mosaicimage.py

```
win = sg.Window("转换为马赛克图像", layout, size=(320,400))
```

然后，把“黑白处理”改为“马赛克处理”。要修改为马赛克图像，需要先将图像保持长宽比例缩小（如缩小到宽20像素），然后再放大为原来的尺寸。

先缩小，再放大啊。

选项中指定resample=0，这样尺寸改变时无法正常虚化，就会形成均匀的马赛克。接下来完成马赛克图像编辑应用程序的编写。

【代码修改部分2】mosaicimage.py

```
try:
    img = Image.open(loadname)
    w = img.width
    h = img.height
    mw = 20
    mh = int(mw * (h / w))
    img = img.resize((mw, mh)).resize((w, h),resample=0)
    img2 = img.copy()
    img2.thumbnail((300,300))
    bio = io.BytesIO()
    img2.save(bio, format="PNG")
    win["img"].update(data=bio.getvalue())
    win["txt"].update(loadname)
```

输出结果

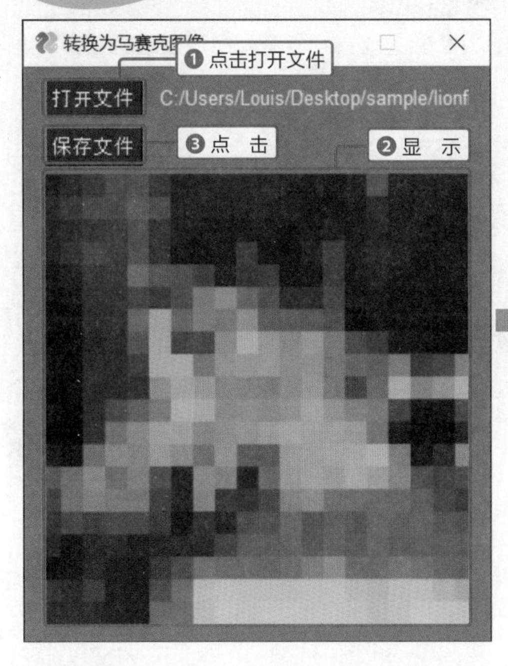

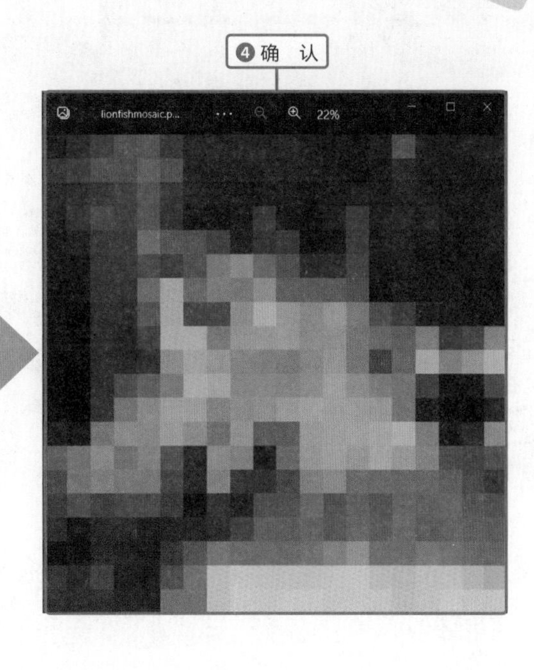

点击“保存文件”按钮，就可以保存马赛克图像了。

哎呀，都看不出是什么鱼了。

第21课

二维码生成器应用程序

一起来编写输入网址生成二维码的二维码生成器应用程序吧。

我们编写一个生成二维码图像的应用程序——生成网址二维码图像的应用程序。

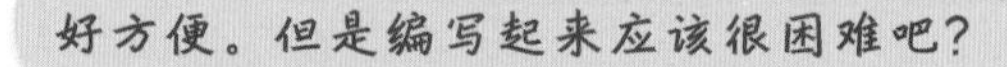

好方便。但是编写起来应该很困难吧？

用 qrcode 库，根据网址字符串生成二维码图像。一旦生成了图像，利用我们之前学习的原理，就可以保存到文件中了。

成品效果图

二维码生成器应用程序布局

二维码生成器应用程序需要用到的控件包括“网址输入框”（**in1**）、“二维码生成按钮”（**btn1**）、“图像显示”（**img**）、“保存按钮”（**btn2**）和“说明文本”（**txt**）。

网址：	key="in1"
生成二维码 key="btn1"	
保存文件 key="btn2"	key="txt"
key="img"	

以上布局用 **layout** 列表编写为以下代码。

```
layout = [[sg.T("网址："), sg.I(key="in1")],
          [sg.B("生成二维码", k="btn1")],
          [sg.B("保存文件", k="btn2"), sg.T(k="txt")],
          [sg.Im(k="img")]]
```

编写二维码生成器应用程序

使用 **qrcode.make()** 命令，根据字符串生成二维码。

格式：二维码图像

```
<图像数据> = qrcode.make("<字符串>")
```

点击“生成二维码“按钮执行 **execute()** 函数。函数根据输入框中输入的网址生成二维码图像，显示在应用程序中。

不输入网址就不会生成图像，所以网址输入框为空时，显示提示并 **return**。

输入网址时，通过 **qrcode.make()** 命令生成图像。生成的图像（**img**）也会用在保存图像的 **saveimage()** 函数中，所以设为全局变量。

在应用程序上显示生成的图像采用与 loadimage.py 相同的方法。**saveimage()** 函数的内容也与 monoimage.py 相同。

例：点击按钮后生成并显示二维码图像的函数

```
def execute():
    global img
    if not v["in1"]:
        sg.PopupTimed("请输入网址。")
        return
    img = qrcode.make(v["in1"])
    img.thumbnail((300,300))
    bio = io.BytesIO()
    img.save(bio, format="PNG")
    win["img"].update(data=bio.getvalue())
```

接下来，完成二维码生成器应用程序的编写。

qrmaker.py

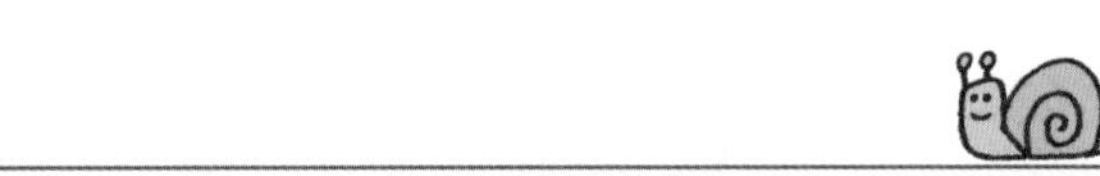

```
import PySimpleGUI as sg
import io
import qrcode
sg.theme("DarkBrown3")

layout = [[sg.T("网址："), sg.I(key="in1")],
          [sg.B("生成二维码", k="btn1")],
          [sg.B("保存文件", k="btn2"), sg.T(k="txt")],
          [sg.Im(k="img")]]
win = sg.Window("二维码生成器", layout, size=(320,420))
```

```
img = None
def execute():
    global img
    if not v["in1"]:
        sg.PopupTimed(" 请输入网址。")
        return
    img = qrcode.make(v["in1"])
    img.thumbnail((300,300))       ···· 生成二维码图像
    bio = io.BytesIO()
    img.save(bio, format="PNG")
    win["img"].update(data=bio.getvalue())

def saveimage():
    if img == None:
        return
    savename = sg.popup_get_file(" 请输入要保存的 png 图像文件名 ",
        save_as=True)
    if not savename:
        sg.PopupTimed(" 请输入 png 图像文件名。")
        return
    if savename.endswith(".png") == False:
        savename = savename + ".png"
    try:
        img.save(savename)
        win["txt"].update(f" 已保存到 {savename}。")
    except:
        win["txt"].update(" 保存失败。")

while True:
    e, v = win.read()
    if e == "btn1":
        execute()
    if e == "btn2":
        saveimage()
    if e == None:
        break
win.close()
```

输出结果

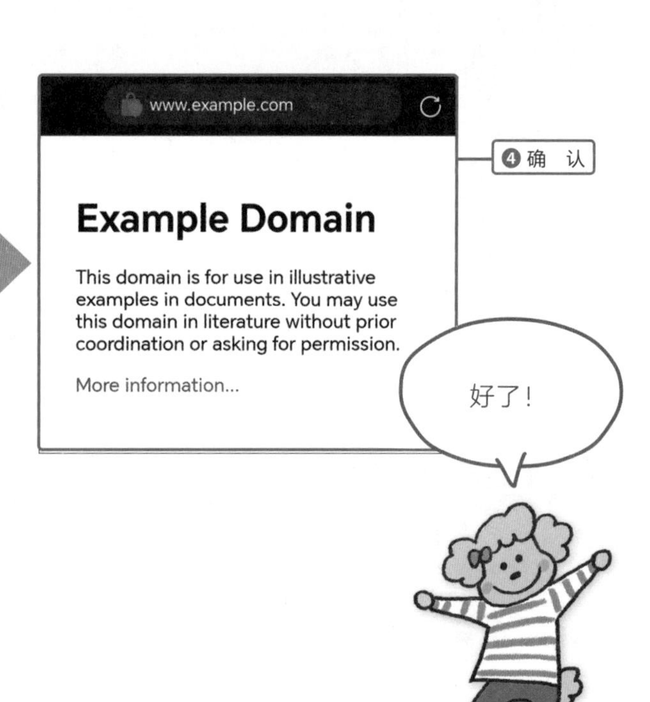

在输入框中输入网址，点击“生成二维码”。我们用这个专用于测试的网站 https://www.example.com 试一试吧。

显示二维码了。用手机浏览器扫一下……哇，出现这个测试网站了呢。

点击“保存文件”，就可以保存这个二维码图像了。

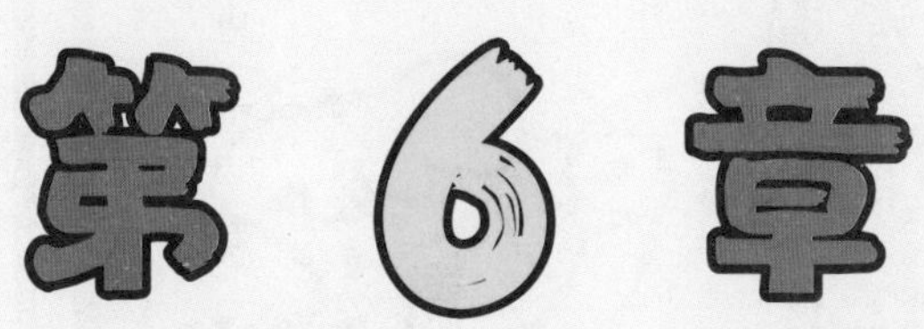

编写游戏应用程序

最后来做
游戏应用程序吧！
终于走到这一步了！

哎，
冷静，冷静。

哼！

利用之前学过的知识，
很容易的。
编程基础
计算应用程序
桌面应用
程序原理
时钟
应用程序
文件操作
应用程序
真的吗？
好厉害！

游戏应用程序
其实也是由基本控件
组合而成的。
嗯嗯。

一鼓作气，开始吧！
好！

引 言

我们来尝试编写各种游戏应用程序吧！

抽签应用程序

猜拳应用程序

加法游戏

猜数游戏

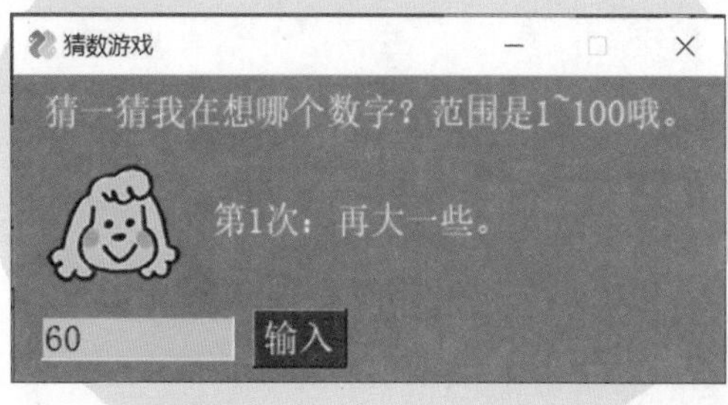

31 点游戏

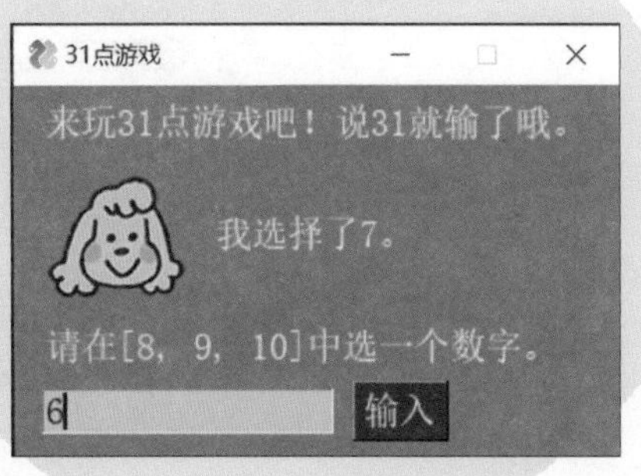

第22课

抽签应用程序

一起编写随机抽签的抽签应用程序吧。

终于要开始编写游戏应用程序了。

我都等不及啦！

应用程序只需要文本框、按钮、文本、图像就够了，可是游戏中的抽签就没那么简单了。

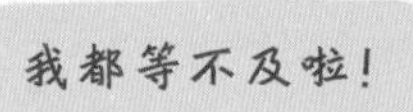

为了玩游戏，我会努力的！

越好玩，编写难度就越大，加油吧！

抽签应用程序设计

我们从最简单的抽签应用程序开始。

我在《Python一级：从零开始学编程》也做过。

我们事先在一个列表中放入“抽签结果”，用 random.choice() 随机选出一个结果，这就是抽签了。先来编写一段抽签的测试代码。

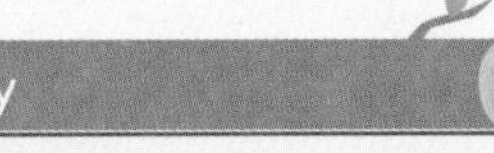

```
import random
fortunes = ["上上签", "上签", "中签", "下签"]
result = random.choice(fortunes)
txt = f"结果是 {result}。"
print(txt)
```

输出结果

```
结果是上上签。
```

成品效果图

抽签应用程序布局

有“抽签按钮”和“结果显示文本”（**txt**），抽签应用程序就可以工作。为了增加游戏的趣味性，还需要显示“说明文本”和“抽签的双叶同学”。双叶同学的头像可以从本书附件中获取。用户也可以选择一个自己喜爱的图像作为头像。

以上布局用 **layout** 列表编写为以下代码。

```
layout = [[sg.T("来抽签吧！ ")],
          [sg.Im("portrait.png")],
          [sg.T(k="txt")],
          [sg.B("抽签", k="btn")]]
```

编写抽签应用程序

显示抽签结果的部分编写为 **draw()** 函数。按下抽签按钮 **btn** 后，开始抽签。完整代码如下。

randomfortune.py

```
import PySimpleGUI as sg
import random
sg.theme("DarkBrown3")

layout = [[sg.T("来抽签吧！ ")],
          [sg.Im("portrait.png")],
          [sg.T(k="txt")],
          [sg.B("抽签", k="btn")]]
win = sg.Window("抽签应用程序", layout, font=(None,14))
```

```
def draw():
    fortunes = ["上上签", "上签", "中签", "下签"]
    result = random.choice(fortunes)
    txt = f"结果是{result}。"
    win["txt"].update(txt)

while True:
    e, v = win.read()
    if e == "btn":
        draw()
    if e == None:
        break
win.close()
```

输出结果

抽签应用程序做好了，还抽到了上上签！

第23课

猜拳应用程序

一起来编写跟计算机玩的猜拳应用程序吧

猜拳应用程序设计

接下来是猜拳应用程序。可以和程序中的双叶同学猜拳呢。

什么？跟我自己猜拳？嘿嘿嘿，到底谁能赢呢？

成品效果图

这种猜拳应用程序是玩家和计算机的对战游戏。“玩家的手势”和“计算机的手势”同时出现，决定胜负。胜负由“玩家的手势”和“计算机的手势”的组合决定。有多少种手势的组合，就能写出多少个 **if** 语句。这次我们介绍一种一行代码就能判断胜负的简便方法。

接下来讨论猜拳的规则。手势相同为“平局”，手势不同则可能是“玩家获胜”或“我获胜”，共三种结果。

先关注“我获胜”的情况。“对手出剪刀，我出石头”，“对手出布，我出剪刀”，“对手出石头，我出布”三种获胜的情况逐一错开。也就是说，规则可以表示为“胜者的手势与对手逐一错开”。

“我获胜”的情况

对手	剪刀	布	石头
我	石头	剪刀	布
胜负	我获胜	我获胜	我获胜

我们用数字代替三种手势：“石头 =0”“剪刀 =1”“布 =2”，并总结成表格。注意到“逐一错开”这一特点，我们用减法计算“计算机的手势 - 玩家的手势”。

前两个结果是“1”，最后一个结果是“-2”。而实际上猜拳只有“胜、平、负”三种结果，出现负数不合理。那么，我们想办法让它只得出三种结果。

一个整数除以 3，余数只能是 0、1、2。利用这个特点，我们用表达式（计算机的手势 - 玩家的手势）% 3 来计算，这时得到的结果都是“1”。也就是说，当结果为 1 时，代表玩家获胜。

玩家获胜的模式

计算机	剪刀 (1)	布 (2)	石头 (0)
玩家	石头 (0)	剪刀 (1)	布 (2)
（计算机 - 玩家）	1	1	-2
（计算机 - 玩家）% 3	1	1	1
胜负	玩家获胜	玩家获胜	玩家获胜

同理，我们可以判断“0 代表平局”和“2 代表计算机获胜”。也就是说，通过表达式（计算机的手势 - 玩家的手势）%3 可以用一行代码判断出“0 为平局，1 为玩家获胜，2 为计算机获胜”。

平局的模式

计算机	石头 (0)	剪刀 (1)	布 (2)
玩　家	石头 (0)	剪刀 (1)	布 (2)
（计算机 - 玩家）% 3	0	0	0
胜　负	平　局	平　局	平　局

计算机获胜的模式

计算机	布 (2)	石头 (0)	剪刀 (1)
玩　家	石头 (0)	剪刀 (1)	布 (2)
（计算机 - 玩家）% 3	2	2	2
胜　负	计算机获胜	计算机获胜	计算机获胜

我们利用这个表达式编写测试代码。

玩家和计算机的手势在 0、1、2 随机变化，进行胜负判定。

用数字较难区分，我们用列表来更清楚地表达。hand 列表包括元素“0=‘石头’，1=‘剪刀’，2=‘布’”，表示手势。message 列表包括元素“0=‘平局’，1=‘你（玩家）赢了’，2=‘我（计算机）赢了’”，表示胜负结果。

test602.py

```
import random
hand = ["石头", "剪刀", "布"]
message = ["平局", "你赢了", "我赢了"]
mynum = random.randint(0,2)
comnum = random.randint(0,2)
print(f"你出{hand[mynum]}。我出{hand[mynum]}")
result = (comnum - mynum) % 3
print(f"胜负判定：{message[result]}！")
```

输出结果 1

```
你出剪刀，我出布
胜负判定：你赢了！
```

输出结果 2

```
你出石头，我出布
胜负判定：我赢了！
```

输出结果 3

```
你出剪刀，我出剪刀
胜负判定：平局！
```

真好玩！它能自己猜拳，还能显示胜负结果。我好像在看它们猜拳一样。

猜拳应用程序布局

猜拳应用程序需要的控件为“注释文本”，玩家选择手势的按钮“石头”（**btn0**）、“剪刀”（**btn1**）、“布”（**btn2**），“表示胜负的文本”（**txt**）、比赛对手的表情“双叶的表情图”（**img1**）和“双叶的手势图”（**img2**）。

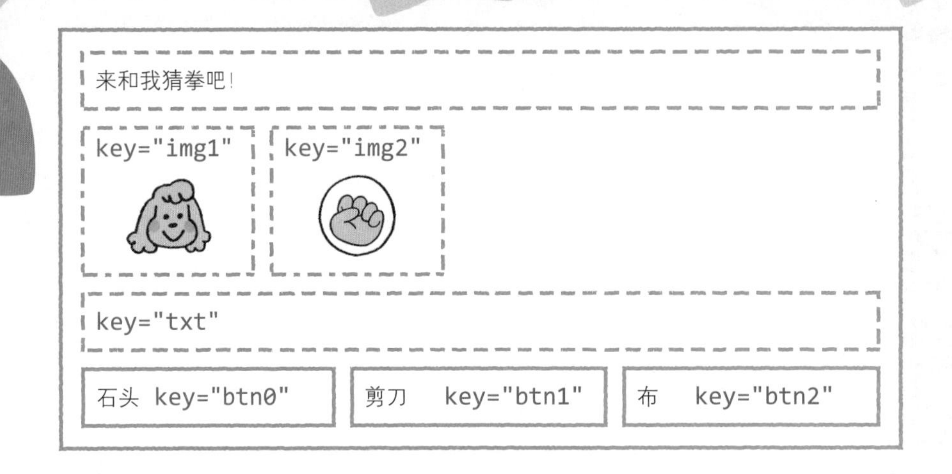

以上布局用 **layout** 列表编写为以下代码。

```
layout = [[sg.T("来和我猜拳吧！")],
          [sg.Im("portrait.png", k="img1"), sg.Im(k="img2")],
          [sg.T(k="txt")],
          [sg.B("石头", k="btn0"),
           sg.B("剪刀", k="btn1"),
           sg.B("布", k="btn2")]]
```

双叶有三种表情。平局时是“正常表情”，输的时候是“不甘心的表情”，赢的时候是“高兴的表情”。手势图也有“石头”“剪刀”“布”三种。这些都可以从本书附件获取。

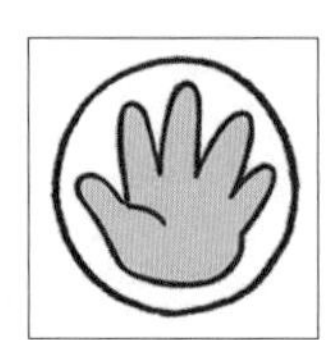

编写猜拳应用程序

完成猜拳应用程序的编写。

猜拳部分用 **game()** 函数编写。点击石头 **btn0** 时调用 **game(0)**，点击剪刀 **btn1** 时调用 **game(1)**，点击布 **btn2** 时调用 **game(2)**，输入玩家的手势并执行。

在 **game()** 函数中，根据玩家输入的手势 **mynum** 依次处理：❶ 随机决定计算机的手势。❷ 显示手势。❸ 判断玩家和计算机之间的胜负结果。❹ 通过文字和计算机（双叶）的表情显示结果。

那么，计算机和玩家的猜拳游戏就编写完成了。请输入以下代码。

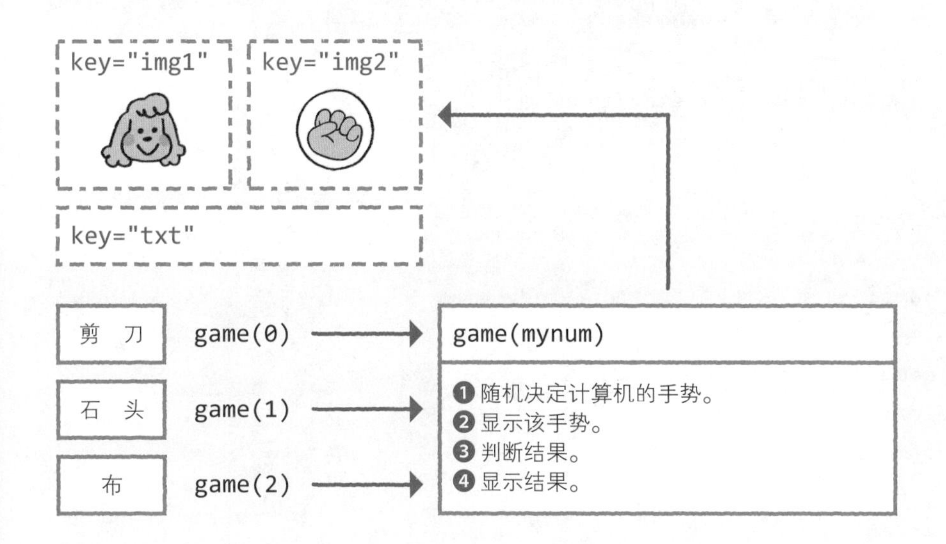

```
import PySimpleGUI as sg
import random
sg.theme("DarkBrown3")

layout = [[sg.T("来和我猜拳吧！")],
          [sg.Im("portrait.png", k="img1"), sg.Im(k="img2")],
```

```
          [sg.T(k="txt")],
          [sg.B("石头", k="btn0"),
           sg.B("剪刀", k="btn1"),
           sg.B("布", k="btn2")]]
win = sg.Window("猜拳应用程序", layout, size=(250,200),font=(None,14))

handimg = ["rock.png", "scissors.png", "paper.png"]
message = ["平局", "你赢了", "我赢了"]
faceimg = ["portrait.png", "sad.png", "happy.png"]

def game(mynum):
    comnum = random.randint(0,2) ———————— ❶
    win["img2"].update(handimg[comnum]) ———— ❷
    result = (comnum - mynum) % 3 ————————— ❸
    win["txt"].update(f"{message[result]}! ")  ┐
    win["img1"].update(faceimg[result])         ┘ ❹

while True:
    e, v = win.read()
    if e == "btn0":
        game(0)
    if e == "btn1":
        game(1)
    if e == "btn2":
        game(2)
    if e == None:
        break
win.close()
```

输出结果

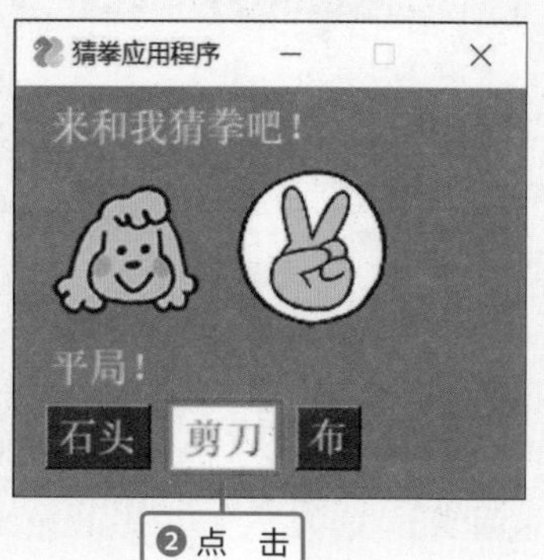

跟应用程序中的我一决胜负吧！不赢不罢休哦~

第24课

加法游戏应用程序

一起来编写回答正确才会继续下去的加法游戏应用程序吧。

加法游戏应用程序设计

接下来是加法游戏应用程序。

咦？加法还能做游戏？

猜拳游戏的原理很简单，点击按钮，一次性分出胜负。但大多数对话型游戏不会一次性分出胜负，需要更加复杂的机制。加法游戏就是“不同对话引发不同状态”的简单例子。

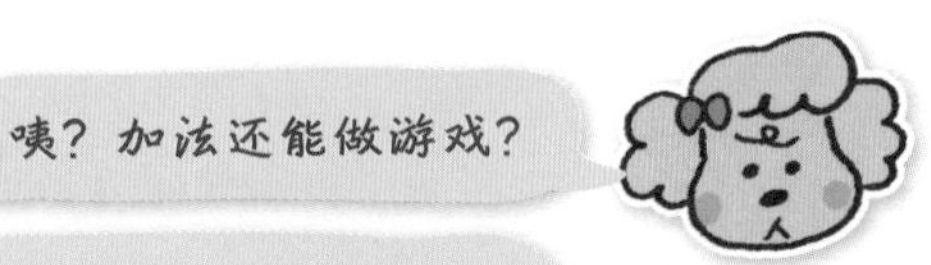

“不同对话引发不同状态”是什么意思？

比如，这种加法游戏当答案错误时会显示“错误”，让用户再次输入答案；而答案正确时会显示“正确”，并显示下一道题，状态是不同的。

哦，答对了可以做下一道题，答错了就要继续回答，直到答对为止。那要努力答对了。

这就是计算机的状态根据与玩家的对话而变化的原理。

好像很难啊。

仔细想一想不同状态发生的情况是什么样的。作为练习，我们先来编写一个简单的加法游戏。

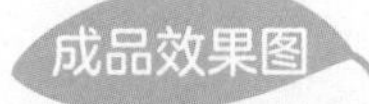

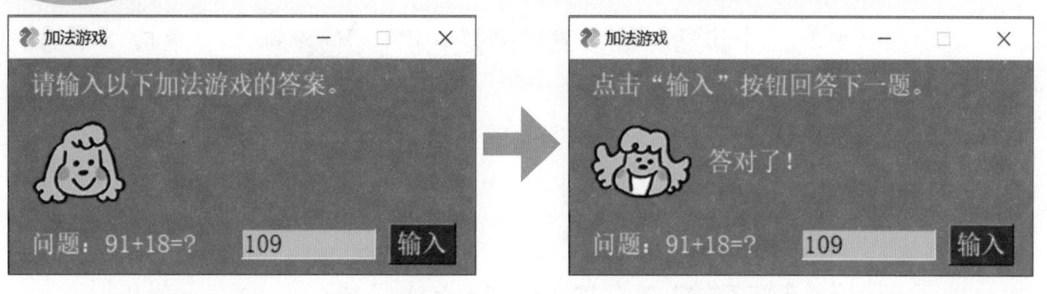

这种加法游戏会在回答正确时和回答错误时切换两种状态。正确时为“出下一道题”的状态，错误时为再次“查看玩家输入”的状态。这种状态的切换会用到“flag”。例如，定义一个 **playflag** 变量，“查看玩家输入”为 **True**，“出下一道题的状态”为 **False**。

回答正确时，这一道题结束，**playflag** 为 **False**；回答错误时，这一道题不变，**playflag** 为 **True**。这样就可以根据 **playflag** 的值作出判断，**True** 表示“查看玩家输入”的状态，**False** 表示“出下一道题”。出题后，将 **playflag** 修改为 **True**，进入“查看玩家输入”的状态。

程序的主循环根据 **playflag** 切换状态。

为了使代码更易读，我们用不同函数处理不同状态。出下一道题的处理使用 **question()** 函数，查看玩家输入的处理使用 **anscheck()** 函数。

```
while True:
    indata = input(" 请输入。")
    if playflag == False:
        question()
    else:
        anscheck()
```

① question() 函数

首先分析出题的 **question()** 函数。

这个函数分为三个步骤，❶ 创建“问题”和“正确答案”，生成两个随机整数的加法问题。❷ 把“问题”显示出来，出题到此结束。❸ 将 **playflag** 设为 **True**，切换到针对该题查看玩家输入答案的状态。

② anscheck() 函数

接下来分析检查玩家输入答案的 **anscheck()** 函数。

❹ 先检查玩家输入的值，这时检查输入的值能否转换为数值。只有能转换时才会继续处理。

格式：查看字符串变量的值“能否转换为数值”

```
<字符串变量>.isdecimal()
```

进行这一步检查是因为玩家输入的值可能无法转换为数值。如果玩家不小心输入了无法转换为数值的文字，就会出现错误，导致游戏中止。既然是对话型游戏，如果在马上就要获胜时出现错误，游戏结束，那就太可惜了。所以要加入错误检查。

事实上，在本书的第 3 章“计算应用程序”等章节，如果输入了无法转换为数值的字符串，也会导致错误。我们在第 3 章尽可能简化了输入。想要检查错误，同样可以使用 **.isdecimal()**，以避免错误导致应用程序终止。

检查错误结束后，将答案转化为整数，检查数值是否正确。

❺ 如果输入值和答案一致，结果为“正确”，则设 **playflag** 为 **False**，切换为“出下一题”的状态。相反，如果输入值和答案不一致，则显示“错误”，状态不变，玩家再次输入答案，继续检查输入。

if playflag == False:

question()
❶生成加法问题和答案。 ❷显示问题。 ❸playflag = True

else:

anscheck()
❹检查输入值是否为数值。 ❺如果输入值与答案一致，显示“正确”。 playflag = False 否则显示“错误”。

输入以下代码并执行。

test603.py

```
import random

def question():
    global playflag, ans
    a = random.randint(0, 100)      ❶
    b = random.randint(0, 100)
    ans = a + b
    print(f"问题：{a} + {b} = ?")    ❷
    playflag = True                 ❸

def anscheck():
    global playflag
    if indata.isdecimal() == True:  ❹
        mynum = int(indata)
        if mynum == ans:            ❺
            print("答对了！")
            playflag = False
        else:
            print(f"不是{mynum}。")
```

```
question()
while True:
    indata = input("请输入。")
    if playflag == False:
        question()
    else:
        anscheck()
```

输出结果

```
问题：97 + 34 =?
请输入。123
不是123。
请输入。131
答对了！
请输入。
问题：66 + 55 =?
请输入。
```

如果答错了，它就说“不是123。”如果答对了，它就说“答对了！”真的好像在对话一样。

答对之后会出现“请输入。”这是引出下一道题的缓冲。直接按回车键就会出现下一道题。

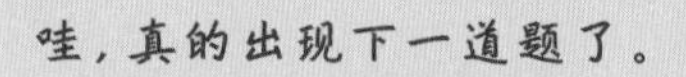

我们已经学会基础环节了，接下来编写成应用程序吧。

加法游戏应用程序布局

编写加法游戏应用程序要用到的控件包括“操作说明文本”（**txt1**）、“结果提示文本”（**txt2**）、“双叶表情图”（**img**）、“问题文本”（**txt3**）、“答案输入框”（**in1**）和“输入按钮”（**btn**）。

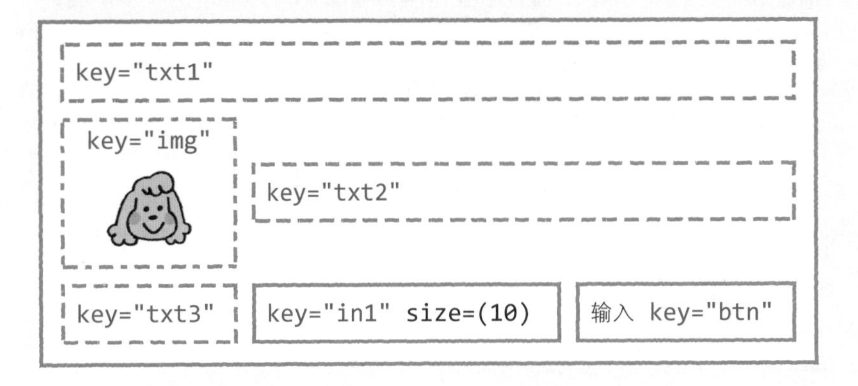

另外，还为按钮添加了 **bind_return_key=True** 属性，让用户既可以通过“点击”按钮，也可以通过按下回车键输入答案。

以上布局用 **layout** 列表编写为以下代码。

```
layout = [[sg.T(k="txt1")],
          [sg.Im(k="img"), sg.T(k="txt2")],
          [sg.T(k="txt3"), sg.I(k="in1", size=(10)),
           sg.B(" 输入 ", k="btn", bind_return_key=True)]]
```

编写加法游戏应用程序

这个应用程序要求在启动时就显示一道问题，且每次启动出现的问题不一样，与之前的一开始直接显示 **layout** 中输入的值有所不同。

对此，要在定义 **Window** 时设定“**finalize=True**”，这样就可以在显示 **layout** 生成的画面之前，通过代码修改内容。

格式：允许在显示画面之前通过代码修改显示内容

```
<窗口变量> = sg.Window("<标题>", finalize=True)
```

我们借助“test603.py”的代码完成应用程序的编写。

我们还想通过输入改变双叶的表情。出题时 **question()** 中显示正常表情（portrait.png），答对时 **anscheck()** 中显示高兴的表情（happy.png）。

游戏一开始就进入出题环节，所以在主循环之前调用 **question()** 函数。

输入以下代码并执行。

addgame.py

```
import PySimpleGUI as sg
import random
sg.theme("DarkBrown3")

layout = [[sg.T(k="txt1")],
          [sg.Im(k="img"), sg.T(k="txt2")],
          [sg.T(k="txt3", size=(15)), sg.I(k="in1", size=(10)),
           sg.B("输入", k="btn", bind_return_key=True)]]
win = sg.Window("加法游戏应用程序", layout, font=(None,14),
    finalize=True)

def question():
    global playflag, ans
    a = random.randint(0, 100)
    b = random.randint(0, 100)
    ans = a + b
    win["txt1"].update("请输入以下加法游戏的答案。")
    win["txt2"].update("")
    win["txt3"].update(f"问题：{a}+{b}=?")
    win["img"].update("portrait.png")
    playflag = True

def anscheck():
```

```
    global playflag
    if v["in1"].isdecimal() == False:
        win["txt2"].update("请输入数字。")
    else:
        mynum = int(v["in1"])
        if mynum == ans:
            win["txt2"].update("答对了！")
            win["txt1"].update("点击“输入”按钮回答下一题。")
            win["img"].update("happy.png")
            playflag = False
        else:
            win["txt2"].update(f"不是{mynum}。")

question()
while True:
    e, v = win.read()
    if e == "btn":
        if playflag == False:
            question()
        else:
            anscheck()
    if e == None:
        break
win.close()
```

输出结果

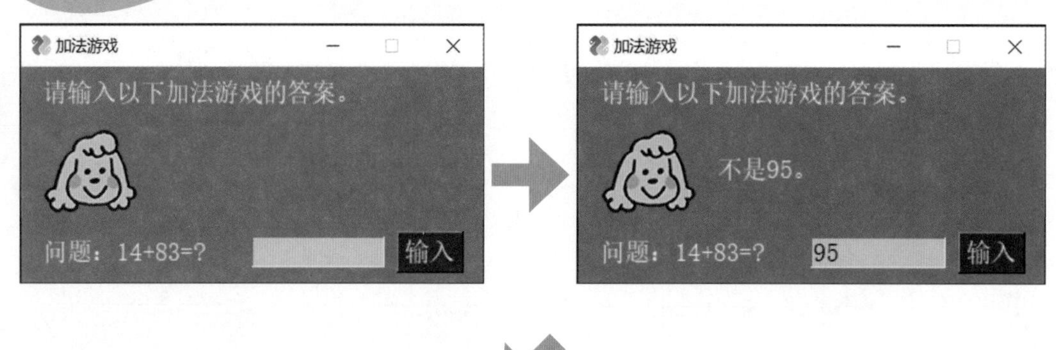

加法游戏应用程序做好啦。不仅能做加法，还能对话，真有趣。

第25课

猜数游戏应用程序

一起来编写玩家猜想计算机头脑中的数字的猜数游戏应用程序吧。

猜数游戏应用程序设计

接下来是一个猜数游戏应用程序。程序中的双叶在头脑中想一个1～100的数字，让玩家来猜。

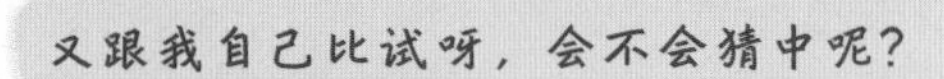

又跟我自己比试呀，会不会猜中呢？

另外还会统计猜测的次数，越少越好。

成品效果图

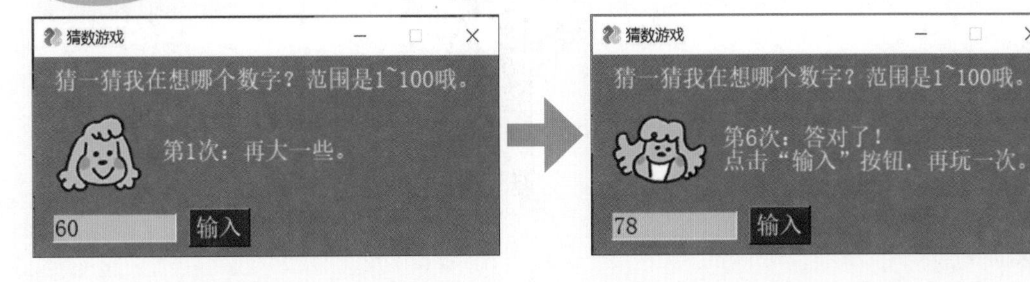

这个猜数游戏也属于对话型游戏，程序在猜对和猜错两种状态互相切换。

猜中时进入“出下一个数”的状态，猜错则进入“检查玩家再次输入的内容”的状态。这种机制和加法游戏的代码 test603.py 完全相同，同样需要定义一个 **playflag** 在两种状态之间切换。

① question() 函数

先分析出题的 **question()** 函数。

虽然称为出题，实际上是对玩家显示“猜一猜我在想哪个数字”，并在内部准备好答案。

❶ 在 1 ~ 100 随机挑选数字，保存为答案。❷ 游戏会用一个计数器统计玩家猜测的次数，此时将次数设为 0。❸ 将 **playflag** 设为 **True**，切换状态。

② anscheck() 函数

然后分析检查玩家输入内容的 **anscheck()** 函数。

❹ 检查输入值能否转换为数值。检查后转换为数值并与答案比对。❺ 将计数器加 1，累计玩家猜测的次数。❻ 如果输入值与答案一致，则为“正确”，将 **playflag** 设为 **False**，切换状态。

如果与回答不一致，则为“错误”，这时要出现提示。如果玩家的输入值比答案大，则提示“再小一些”；如果比答案小，则提示“再大一些”。由此实现“根据提示猜测答案”。

```
if playflag == False:
```

question()
❶生成答案（1~100的随机数）。 ❷将计数器设为0。 ❸playflag = True

```
else:
```

anscheck()
❹检查输入值是否为数值。 ❺计数器加1。 ❻如果输入值与答案一致，显示“猜中了！”。 playflag = False 否则，输入值小于答案时显示“再大一些”；大于答案时显示“再小一些”。

输入以下代码并执行。

test604.py

```
import random

def question():
    global playflag, ans, count
    ans = random.randint(1, 100)  ———❶
    count = 0  ———❷
    print(">猜一猜我在想什么数字？")
    playflag = True  ———❸

def anscheck():
    global playflag, count
    if indata.isdecimal() == True:  ———❹
        count += 1  ———❺
        mynum = int(indata)
```

```
        if mynum == ans:
            print(f"第{count}次：猜中了！ ")
            playflag = False
        elif mynum < ans:
            print(f"第{count}次：再大一些。")
        else:
            print(f"第{count}次：再小一些。")

question()
while True:
    indata = input("请输入。")
    if playflag == False:
        question()
    else:
        anscheck()
```

❻

输出结果

```
>猜一猜我在想什么数字?
请输入。80
第1次：再大一些。
请输入。90
第2次：再小一些。
请输入。88
第3次：猜中了！
请输入。
```

即使答错了，也会告诉我大了还是小了，根据提示和直觉猜数，真好玩。

答对之后显示“请输入”，这时按回车键就会显示下一题。这样我们就准备好基本功能了，接下来编写应用程序吧。

猜数游戏应用程序布局

编写加法游戏应用程序要用到的控件包括 “问题说明文本”、“双叶表情图”（**img1**）、“过程提示文本”（**txt1**）、“答案输入框”（**in1**）和“输入按钮”（**btn**）。

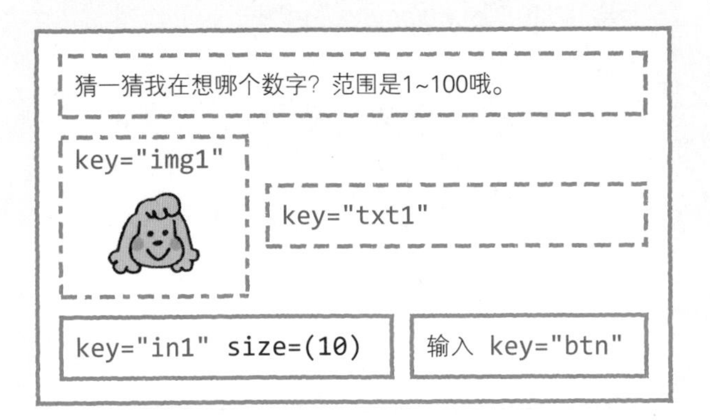

以上布局用 **layout** 列表编写为以下代码。

```
layout = [[sg.T(" 猜一猜我在想哪个数字？范围是 1 ~ 100 哦。")],
          [sg.Im(k="img1"), sg.T(k="txt1")],
          [sg.I(k="in1", size=(10)),
           sg.B(" 输入 ", k="btn", bind_return_key=True)]]
```

编写猜数游戏应用程序

借助“test604.py”的代码完成猜数游戏应用程序的编写。

同样，双叶的表情随输入内容而变化。在出题的 **question()** 中显示正常表情（portrait.png），答对时 **anscheck()** 中显示高兴的表情（happy.png）。而且，我们要在游戏一开始就出一个数，所以在主循环前调用 **question()**。

请输入以下代码。

guessnumber.py

```
import PySimpleGUI as sg
import random
sg.theme("DarkBrown3")

layout = [[sg.T("猜一猜我在想哪个数字？范围是 1 ~ 100 哦。")],
          [sg.Im(k="img1"), sg.T(k="txt1")],
          [sg.I(k="in1", size=(10)),
           sg.B("输入", k="btn", bind_return_key=True)]]
win = sg.Window("猜数游戏应用程序", layout, font=(None,14),
    finalize=True)

def question():
    global playflag, ans, count
    ans = random.randint(1, 100)
    count = 0
    win["txt1"].update("")
    win["img1"].update("portrait.png")
    playflag = True

def anscheck():
    global playflag, count
    if v["in1"].isdecimal() == False:
        win["txt1"].update("请输入数字。")
    else:
        count += 1
        mynum = int(v["in1"])
        if mynum == ans:
            win["txt1"].update(f"第{count}次：答对了！ \n点击
                "输入"按钮，再玩一次。")
            win["img1"].update("happy.png")
            playflag = False
        elif mynum < ans:
            win["txt1"].update(f"第{count}次：再大一些。")
        else:
            win["txt1"].update(f"第{count}次：再小一些。")
```

```
question()
while True:
    e, v = win.read()
    if e == "btn":
        if playflag == False:
            question()
        else:
            anscheck()
    if e == None:
        break
win.close()
```

输出结果

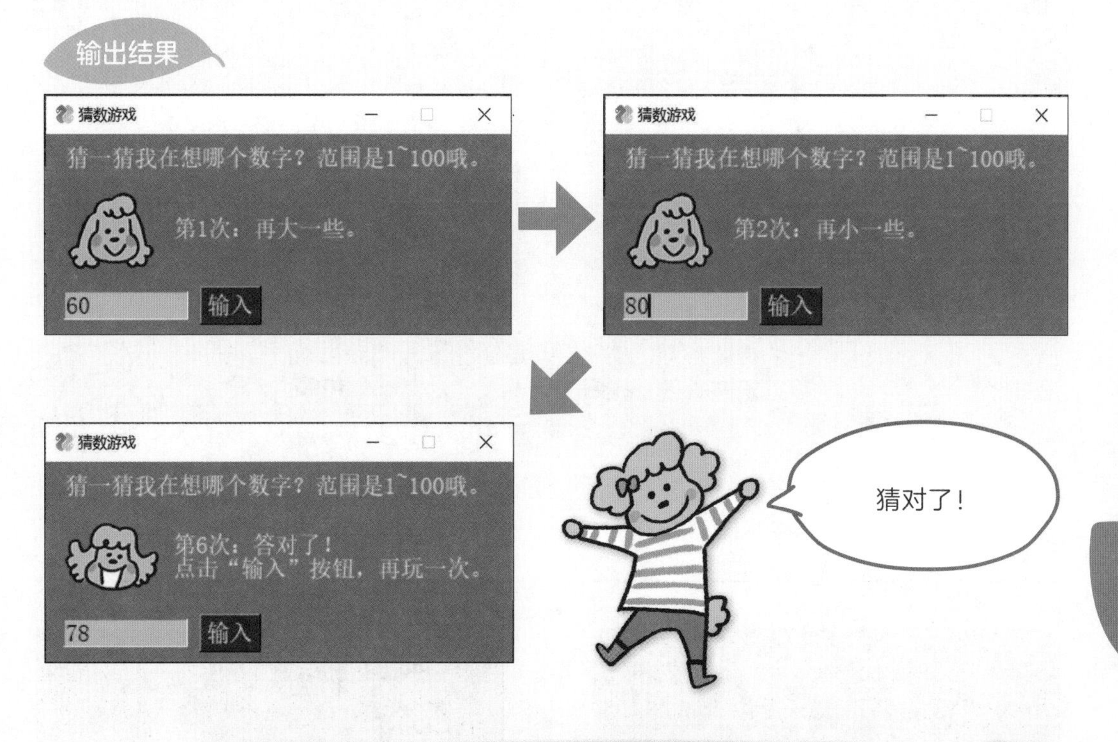

猜数游戏应用程序做好了。用很少的次数就能猜中的话一定很开心！

31 点游戏应用程序

一起来编写和计算机玩的 31 点游戏应用程序吧。

31 点游戏应用程序设计

来编写31点游戏应用程序吧。这是最后一个游戏了，难度有点高哦。双叶同学，你知道31点游戏吗？

我知道！游戏规则是“说31就算输”。两人轮流说1～31中的数字，轮到自己的时候只能从对方说的数字之后的三个数字中选择。所以，一定要想清楚再说。

成品效果图

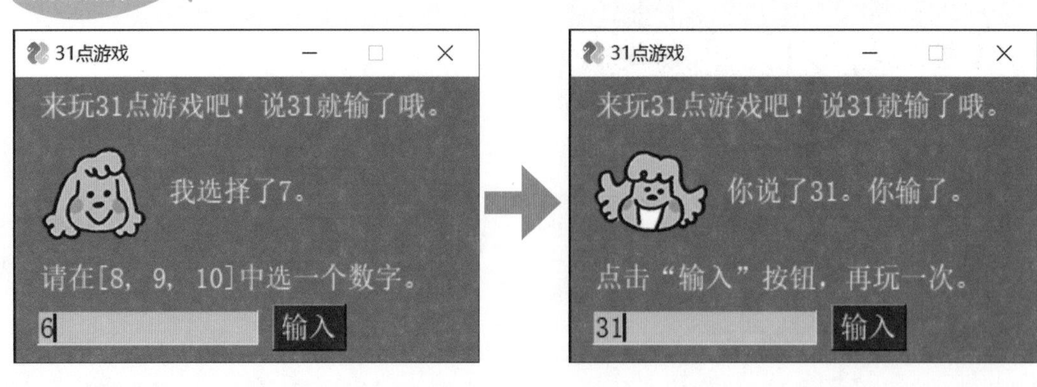

玩这个游戏，有一个必胜的秘诀。

我知道！只要说 30 就赢了。因为说了 30，对方就只能说 31 了。但怎么才能说出 30 呢？

两个人玩的时候，只要减 4 就可以了。30-4=26，只要说 26 就能赢。因为你说 26，对方就只能从 27、28 和 29 之中选一个，接下来你就能说 30 了。

原来如此。

再用 26 减 4，同样可以找到必胜的数字。按顺序找下来就是 22、18、14、10、6、2，只要说了这些数字就能赢。

好厉害！我学会必胜的秘诀了！

我说的数字	2	6	10	14	18	22	26	30
对方说的数字	3,4,5	7,8,9	11,12,13	15,16,17	19,20,21	23,24,25	27,28,29	31

我们现在要编写的 31 点游戏应用程序也要赋予计算机这一功能。只要能说这些数字就说出来。

为什么呀！那我肯定赢不了了！

哈哈哈，这样确实太强劲了。游戏不能太难，也不能太简单，掌握好平衡最重要。那我们就让计算机每两次就忘掉这个规律一次吧。

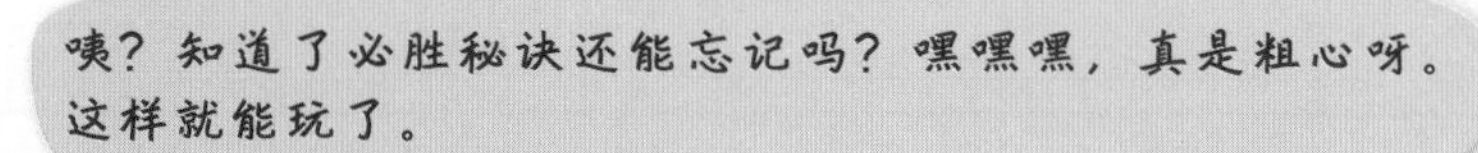

咦？知道了必胜秘诀还能忘记吗？嘿嘿嘿，真是粗心呀。这样就能玩了。

这个应用程序要让玩家先说。

31 点游戏也是对话型游戏，但不是猜正确答案，而是说出 31 就算输。所以需要切换“说出 31”和“没说 31”两种状态。同样，我们定义一个 **playflag** 用于切换。

31 点游戏最重要的规则是“只能说对方说的数字之后的三个数字之一”。如果对方说“5”，则只能从“6,7,8”中选择；如果对方说“18”，则只能从“19,20,21”中选择。反过来，如果能把这个规则在游戏中实现，就能编写出类似 31 点游戏的其他游戏了。

我们来编写输入某数后，用后面三个数字生成列表的代码。指定的起始数字～终止数字的列表可以通过 **list(range(<起始数字>, <终止数字+1>))** 来生成。

格式：生成起始数字～终止数字的列表

```
<数字列表> = list(range(<起始数字>, <终止数字+1>))
```

我们来用它编写一段传递一个数字，生成它后面的三个数字的列表的函数。设传递的数字为 **n**，用 **list(range(n+1, n+4))** 命令就可以生成。

test605.py

```
def getnextnums(n):
    nextnums = list(range(n+1, n+4))
    choicemsg = f"请从{nextnums}中选一个数字。"
    print(choicemsg)

getnextnums(5)
getnextnums(18)
getnextnums(29)
```

输出结果

```
请从 [6, 7, 8] 中选一个数字。
请从 [19, 20, 21] 中选一个数字。
请从 [30, 31, 32] 中选一个数字。
```

执行时，传递“5”和“18”时，生成的列表包含三个正确的数字。传递“29”时，生成的列表包含“30,31,32”，但 31 点游戏中不包含“32”。所以，我们需要修改为只包含 31 及以下的数字。

在 **range()** 中使用 **min(<值>, <值>)**，修改为 **min(32, n+4)**。这样，终止数字就不会达到 32 及以上，范围限制为 32 以下的数字。

【代码修改部分】test606.py

```
nextnums = list(range(n+1, min(32, n+4)))
```

输出结果

```
请从 [6, 7, 8] 中选一个数字。
请从 [19, 20, 21] 中选一个数字。
请从 [30, 31] 中选一个数字。
```

传递“29”后的列表变为“30,31”。现在就可以作为 31 点游戏中生成可选数字列表的函数来使用了。

① question() 函数

分析游戏开始的 **question()** 函数。

这次虽然也在“出题”，但并没有正确答案，只是初始化游戏。❶ 调用刚才编写的 **getnextnums(0)**，显示最开始可以选择的数字“1,2,3”。❷ 开始游戏，将 **playflag** 设为 **True**。

接下来轮到玩家输入数字。这类游戏在玩家选择数字之后，计算机再选择数字，两方轮流“选数”。我们把玩家选数和计算机选数的过程分别编写成 **my_turn()** 函数和 **com_turn()** 函数。

② my_turn() 函数

首先分析玩家选数的 **my_turn()** 函数。

❸ 与之前的游戏相同，首先检查输入值能否转换为数值。❹ 然后检查输入值是否在可选数字列表之内。如果不在，则显示“从 [x,x,x] 中选择数字”，让玩家再次输入。如果在列表内，❺ 查看是 31 还是 30。如果是 31，玩家输；如果是 30，玩家赢。❻ 如果都不是，则进入计算机选数环节，调用 **com_turn()** 函数。此时要告知计算机玩家选择的数字。

if playflag == False:

question()
❶显示最开始可以选择的数字“1,2,3”。 ❷playflag = True

else:

my_turn()
❸检查输入值能否转换为数值。 ❹检查输入值是否在可选数字列表之内。如果在，则执行以下步骤。 ❺如果是31，显示“你输了。” playflag = False 如果是30，显示“你赢了”。 playflag = False 如果都不是 ❻计算机选数（com_turn） 如果不在，显示“从可选的数字中填一个。”

③ com_turn() 函数

接下来分析计算机选数的 **com_turn()** 函数。❼ 先用 1 ~ 31 中一定能够获胜的数字生成一个列表（keynums）。❽ 然后，计算机根据玩家选择的数字查看接下来可选的数字列表。❾ 仔细查找这个列表。❿ 如果其中有必胜数字，则选择该数字。⓫ 但是这样计算机的实力就会过强，要每两次忘记一次必胜诀窍，强制其选择列表中的第一个数字，这样就削弱了计算机的水平。⓬ 显示计算机选择的数字。⓭ 生成接下来玩家可选的数字列表，这样玩家和计算机就可以轮流选数了。

com_turn()
❼准备必胜数列表（keynums）。 ❽查询和显示计算机可选的数字列表，事先随机选一个。 ❾逐个查看计算机可选的数字列表。 　　❿如果其中有必胜数字，则用该数字覆盖原来的选择。 　　⓫在0和1两个数中随机抽一个，如果大于0，则用 　　列表中的第一个数字覆盖原来的选择。 ⓬显示计算机选择的数字。 ⓭生成并显示玩家可选的数字列表。

输入并执行以下代码。

```
import random

def getnextnums(n):
    global nextnums, choicemsg
    nextnums = list(range(n+1, min(32, n+4)))
    choicemsg = f"请在{nextnums}中选一个数字。"
    print(choicemsg)

def question():
    global playflag
    getnextnums(0)                                    ❶
    print("游戏开始！")
    playflag = True                                   ❷

def com_turn(comnum):
    keynums = [2,6,10,14,18,22,26,30]                 ❼
    getnextnums(comnum)                               ❽
    comnum = random.choice(nextnums)                  ❾
    for n in nextnums:
        if n in keynums:
            comnum = n                                ❿
```

第26课

```
    if random.randint(0,1) > 0:          ⓫
        comnum = nextnums[0]
    print(f"我选择了{comnum}。")          ⓬
    getnextnums(comnum)                  ⓭

def my_turn():
    global playflag
    if indata.isdecimal() == True:       ❸
        mynum = int(indata)
        if mynum in nextnums:            ❹
            if mynum == 31:              ❺
                print("你输了。")
                playflag = False
            elif mynum == 30:
                print("你赢了。")
                playflag = False
            else:
                com_turn(mynum)          ❻
        else:
            print(choicemsg)

question()
while True:
    indata = input("请输入。")
    if playflag == False:
        question()
    else:
        my_turn()
```

输出结果

```
游戏开始!
请在 [1,2,3] 中选一个数字。
请输入。5
请在 [1,2,3] 中选一个数字。
请输入。3
请在 [4,5,6] 中选一个数字。
我选择了 6。
请在 [7,8,9] 中选一个数字。
请输入。
……
请在 [28,29,30] 中选一个数字。
我选择了 30。
请在 [31] 中选一个数字。
请输入。31
你输了。
请输入。
```

哇！好厉害。如果输入了范围之外的数字，它还会提醒我。真的好像在对话，不过我输了……

这就是 31 点游戏的基本功能了。接下来编写成应用程序吧。

31 点游戏应用程序布局

编写 31 点游戏应用程序要用到的控件包括“问题说明文本”、“数字输入框”（**in1**）、“输入按钮”（**btn**）、“双叶表情图”（**img1**）、“过程提示文本 1”（**txt1**）和“过程提示文本 2”（**txt2**）。

以上布局用 **layout** 列表编写为以下代码。

```
layout = [[sg.T("来玩 31 点游戏吧！说 31 就输了哦。")],
          [sg.Im(k="img1"), sg.T(k="txt1")],
          [sg.Im("请输入数字。", k="txt2")],
          [sg.I("1", k="in1", size=(15)),
           sg.B("输入", k="btn", bind_return_key=True)]]
```

编写 31 点游戏应用程序

我们利用“test607.py”的代码完成应用程序的编写。

同样，双叶的表情根据输入内容而变化。

游戏中玩家与双叶对战，所以在游戏开始时，双叶是正常表情（portrait.png）；计算机获胜时，双叶是高兴的表情（happy.png）；玩家获胜时，双叶是不甘心的表情（sad.png）。

请输入以下代码。

31game.py

```
import PySimpleGUI as sg
import random
sg.theme("DarkBrown3")
```

```
layout = [[sg.T("来玩 31 点游戏吧！说 31 就输了哦。")],
          [sg.Im(k="img1"), sg.T(k="txt1")],
          [sg.T("请输入数字。", k="txt2")],
          [sg.I("1", k="in1", size=(15)),
           sg.B("输入", k="btn", bind_return_key=True)]]
win = sg.Window("31 点游戏", layout, font=(None,14), finalize=True)

def getnextnums(n):
    global nextnums, choicemsg
    nextnums = list(range(n+1, min(32, n+4)))
    choicemsg = f"请在 {nextnums} 中选一个数字。"
    win["txt2"].update(choicemsg)

def question():
    global playflag
    win["txt1"].update("游戏开始！ ")
    win["img1"].update("portrait.png")
    getnextnums(0)
    playflag = True

def com_turn(comnum):
    keynums = [2,6,10,14,18,22,26,30]
    getnextnums(comnum)
    comnum = random.choice(nextnums)
    for n in nextnums:
        if n in keynums:
            comnum = n
    if random.randint(0,1) > 0:
        comnum = nextnums[0]
    win["txt1"].update(f"我选择了 {comnum}。")
    getnextnums(comnum)

def my_turn():
    global playflag
    if v["in1"].isdecimal() == False:
        win["txt1"].update("请输入数字。")
    else:
```

```
        mynum = int(v["in1"])
        if mynum in nextnums:
            if mynum == 31:
                win["txt1"].update("你说了31。你输了。")
                win["img1"].update("happy.png")
                win["txt2"].update("点击“输入”按钮，再玩一次。")
                playflag = False
            elif mynum == 30:
                win["txt1"].update("31。你赢了，恭喜你。")
                win["img1"].update("sad.png")
                win["txt2"].update("点击“输入”按钮，再玩一次。")
                playflag = False
            else:
                com_turn(mynum)
        else:
            win["txt1"].update(choicemsg)

question()
while True:
    e, v = win.read()
    if e == "btn":
        if playflag == False:
            question()
        else:
            my_turn()
    if e == None:
        break
win.close()
```

输出结果

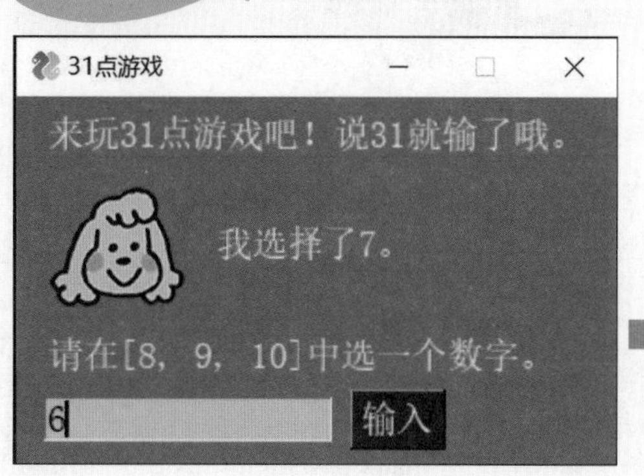

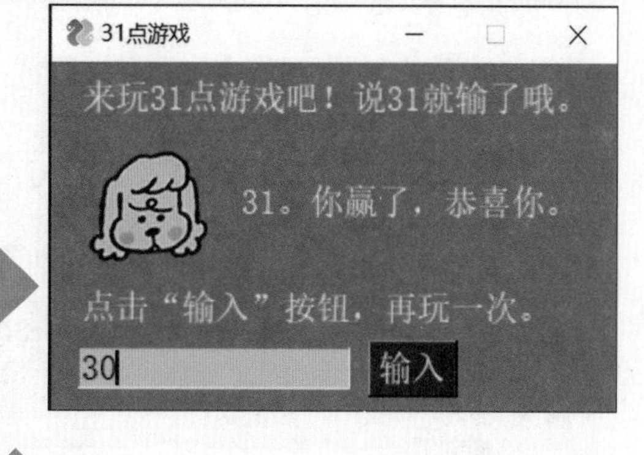

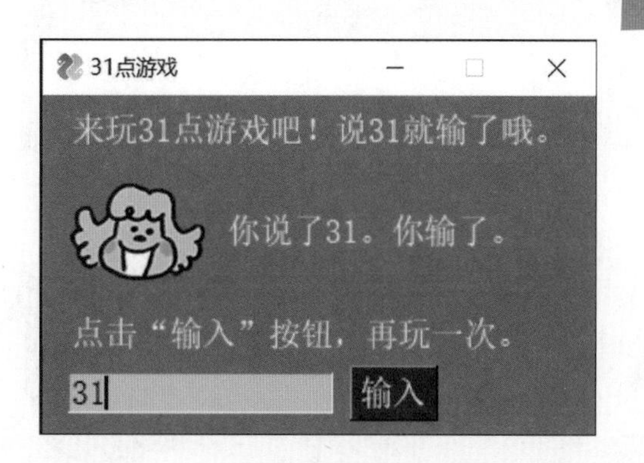

终于做完31点游戏应用程序了。我掌握了必胜诀窍，先出手肯定能赢！

真厉害呀。

忘了必胜诀窍大概就会输。不过，这个应用程序也会不小心忘记必胜诀窍，可以大战一场了。

第27课

接下来做什么？

我们已经学会编写这么多种应用程序了，那接下来该做些什么呢？

博士，应用程序的编写结束了吗？再教教我其他编写方法吧。

双叶，你还记得最开始为什么要学习应用程序的编写方法吗？

嗯……应该是为了体验亲手编写应用程序的快乐吧。

这么说来，你感受到的快乐还不太够呢。

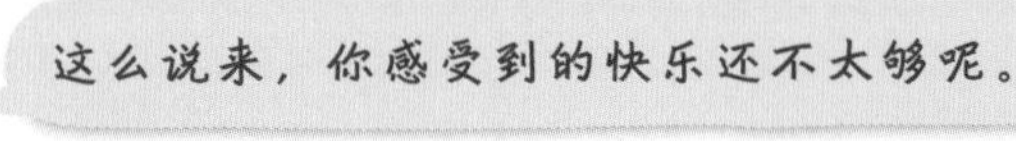

为什么？我写得很开心呀。

只是按照学习的方法来编写，那是在模仿别人，还没有掌握真正的本领。自己从头开始设计程序才能感受真正的快乐，所以接下来你就要自己动脑筋了。

啊？我自己设计和编写应用程序吗？肯定不行……

不一定哦，你已经学会修改应用程序的配色、对话和图像了。这些都是编写应用程序的一部分。

那我也许能行。

习惯了修改小的细节，就会逐渐学会修改大的方面。这也是为什么我时常让你使用《Python 一级：从零开始学编程》的代码，我想让你学会代码是怎么变成应用程序的。

的确如此。如果使用熟悉的代码，在编写应用程序时就可以好好思考了。

按照自己的想法进行修改，很复杂也很难。但也正因为如此，成功时才能感受到真正的快乐。掌握了各种修改方法后，就可以自己思考编写应用程序了。虽然难度更大，但是快乐也更多。

编写代码的快乐，啊……那我也一步一步挑战吧。如果遇到困难，博士一定要教我呀。

当然了。同样身为程序员，我会随时伸出援手的。